高职高专艺术设计专业系列教材

SHINEI RUANZHUANG
SHEJI

室内软装设计

主　编　陈　静

副主编　李大俊　张　莹　汪　坤

参　编　周宁丽　施晓敏　卢　曦
　　　　刘春阳　许晓玉　闵　浩　毛柳青　于　宙

重庆大学出版社

图书在版编目（CIP）数据

室内软装设计/ 陈静主编.—重庆：重庆大学出版社，2015.9（2021.7重印）
高职高专艺术设计专业系列教材
ISBN 978-7-5624-9469-0
Ⅰ.①室… Ⅱ.①陈… Ⅲ.①室内软装设计—高等职业教育—教材 Ⅳ.①TU238

中国版本图书馆CIP数据核字（2015）第225547号

高职高专艺术设计专业系列教材

室内软装设计
SHINEI RUANZHUANG SHEJI

主　编：陈　静
副 主 编：李大俊　张　莹　汪　坤
策划编辑：席远航　蹇　佳　张菱芷
责任编辑：蹇　佳　　版式设计：原豆设计（孙亚楠）
责任校对：谢　芳　　责任印制：赵　晟

重庆大学出版社出版发行
出版人：饶帮华
社址：重庆市沙坪坝区大学城西路21号
邮编：401331
电话：（023）88617190　88617185（中小学）
传真：（023）88617186　88617166
网址：http：//www.cqup.com.cn
邮箱：fxk@cqup.com.cn（营销中心）
全国新华书店经销
重庆新金雅迪艺术印刷有限公司印刷

开本：787mm×1092mm　1/16　印张：8.25　字数：250千
2015年10月第1版　2021年7月第5次印刷
印数：6 001-7 000
ISBN　978-7-5624-9469-0　定价：47.00元

序

我国人口13亿之巨，如何提高人口素质，把巨大的人口压力转变成人力资源的优势，是建设资源节约型、环境友好型社会，实现经济发展方式转变的关键。高职教育承担着为各行各业培养输送与行业岗位相适应的，高技能人才的重任。大力发展职业教育有力于改善经济结构，有利于经济增长方式的转变，是实施“科教兴国，人才强国”战略的有效手段，是推进新型工业化进程的客观需要，是我国在经济全球化条件下日益激烈的综合国力竞争中得以制胜的必要保障。

高等职业教育艺术设计教育的教学模式满足了工业化时代的人才需求；专业的设置、衍生及细分是应对信息时代的改革措施。然而，在中国经济飞速发展的过程中，中国的艺术设计教育却一直在被动地跟进。未来的学习，将更加个性化、自主化，因为吸收知识的渠道遍布在每个角落；未来的学校，将更加注重引导和服务，因为学生真正需要的是目标的树立与素质的提升。在探索过程中，如何提出一套具有前瞻性、系统性、创新性、具体性的课程改革方法将成为值得研究的话题。

进入21世纪的第二个十年，基于云技术和物联网的大数据时代已经深刻而鲜活地展现在我们面前。当前的艺术设计教育体系将被重新建构，同时也被赋予新的生机。本套教材集合了一大批具有丰富市场实践经验的高校艺术设计教师作为编写团队。在充分研究设计发展历史和设计教育、设计产业、市场趋势的基础上，不断梳理、研讨、明确了当下高职教育和艺术设计教育的本质与使命。

曾几何时，我们在千头万绪的高职教育实践活动中寻觅，在浩如烟海的教育文献中求索，矢志找到破解高职毕业设计教学难题的钥匙。功夫不负有心人，我们的视界最终聚合在三个问题上：一是高职教育的现代化。高职教育从自身的特点出发，需要在教育观念、教育体制、教育内容、教育方法、教育评价等方面不断进行改革和创新，才能与中国社会现代化同步发展；二是创意产业的发展和高职艺术教育的创新。创意产业作为文化、科技和经济深度融合的产物，凭借其独特的产业价值取向、广泛的覆盖领域和快速的成长方式，被公认为21世纪全球最有前途的产业之一。从创意产业发展的视野，谋划高职艺术设计和传媒类专业教育改革和发展，才能实现跨越式的发展；三是对高等职业教育本质的审思，即从“高等”“职业”“教育”三个关键词，高等职业教育必须为学生的职业岗位能力和终身发展奠基，必须促进学生职业能力的养成。

在这个以科技进步、人才为支撑的竞争激烈的新时代，实现孜孜以求的综合国力强盛不衰、中华民族的伟大复兴，科教兴国，人才强国，赋予了职业教育任重而道远的神圣使命。艺术设计类专业在用镜头和画面、用线条和色彩、用刻刀与笔触、用创意和灵感，点燃了创作的火花，在创新与传承中诠释着职业教育的魅力。

教育部职业院校艺术设计类专业教学指导委员会委员
重庆工商职业学院传媒艺术学院副院长
徐　江

前言

法国启蒙哲学家卢梭强调传统工艺的教育目的是：通过手、眼、脑等合力和协调的劳动，使人的身体和心智得到发展，从而为社会培养出具有健全而朴素人格的人。高等职业教育就是这样具有较强职业性和应用性的一种特定的教育，其主要任务是培养高技能人才。高等职业教育“以服务为宗旨，以就业为导向，走产学研结合的发展道路”，要求学生既要能动脑，更要能动手，这是我国高等职业教育的发展方向。然而，作为高职的艺术设计教育，以开拓学生的视野出发，强化学生的职业技能、激发学生的创造力，培养与时代发展同步的复合型人才。立足于教学、实践、科研于一体的形式，提倡老师在实践中教学，更提倡学生在实践中学习、在应用中学习。这是一种方法，更是一条探索之路。回想包豪斯的导师们也曾给那个时代的年轻人指引了一条通往幸福的伟大之路。那是在理想的指引下求学，是一种可以看得见未来并能造就未来的时刻，是自由的阳光照耀下的思想的黑土地。重提包豪斯的意义在于大家不约而同重温包豪斯的理想主义年代，身体力行，结合当代设计教育的实际，勇于实践和创新。

环境艺术设计是对于建筑室内外的空间环境，通过艺术设计的方式进行整合设计的一门实用艺术，是以人的主观意识为出发点，建立在客观物质基础上，以现代环境科学研究成果为指导，创造生态系统良性循环的人类理想环境。其中室内设计随着我国经济的发展和生活水平的提高，人们发掘美、欣赏美、创造美的观念不断提升，后装饰时代的来临，“轻装修、重装饰”的理念逐渐深入，被称之为是科学的、合理的家庭装修理念，室内软装是一个新的行业和专业，有广阔的前景和巨大的市场。

我们怀着求索之心，集各家之长，纳前辈之果，编写了这本教材，集“教、学、做”于一体，采用大量的图片直观展示室内陈设效果图与陈设品的风格、色彩与造型，运用精简的文字，准确描述陈设风格特点、方案设计的步骤和方案实现的方法，增强可教性与可学性。结合教学实际，旨在普及室内陈设的基本知识，重在传授常见建筑空间室内陈设的方法，以提高学生的设计水平，增强学生的艺术修养和鉴赏能力。同时，结合了大量的教学与实践成果，不仅强调基础理论知识、基本技能的重要性，还强调培养创造力与适应时代的综合能力。然而，我们不能单纯的把学生当做学生去教，而是在培养未来的软装设计师：拥有美学基础、兼有艺术修养，具备一定的审美水平与美学基础才有可能创造并且发现美，才能在自己的作品中展现出自己对于美的理解；同时有丰富的生活体验，知晓各个地域、国家、民族的文化背景，了解其传统礼仪与生活习惯，灵活把握地区的文化要素，更加契合表达一个空间的风格和特征。这需要我们具备生活的经验。伟大的哲学家杜威说，在日常生活中，经验是无处不在的。任何能够抓住我们的注意力，使我们发生兴趣，给我们提供愉悦的事件与情景，都能使我们产生经验。经验即艺术。美的艺术在生产过程中“使整个生命体具有活力”，使艺术家“在其中通过欣赏而拥有他的生活”。所以，我们首先得热爱生活。“design in life”，这是设计永恒的主题。在倡导为生活而做设计的同时，我们不能忽视创新意识和人生活居住的环境，要提倡为人类开创新的生活方式，新的生活环境和提高人类的生活质量，以人为本就体现出设计的精神，本着这样的精神，共同开创自然和谐的美好明天。

《室内软装设计》是编者多年教学实践中积累的知识成果。在遵循教学大纲的前提下，沿着近几年教学内容的不断充实和改革，试图形成较为完善的教学体系和有特色的授课内涵。编写过程中，参阅了大量著作、刊物、网站，在此对这些作品和文献的作者表示衷心感谢。对所引用作品、文献未能详尽标注作者和出处的著作权人，深表歉意，若涉及版权问题，请来电协商。同时，编写过程中得到许多同事、同学、朋友和优秀毕业生的支持，他们提供了具有价值的图片和资料，在此深表谢意：其中，第二章的第1、2节为周宁丽编写，第二章的第4节为施晓敏编写；李大俊、卢曦为教材中手绘效果图提供了素材；张莹、汪坤、闵浩、许晓玉、刘春阳为教材提供了图片素材；特别感谢北京中合深美装饰工程设计有限公司、北京安悦宅装饰设计有限公司、弗曦照明设计顾问（上海）有限公司、香港翠荷堂艺术中心有限公司、深圳弥曼视觉摄影工作室及武汉瓷气堂、还有我校优秀毕业生李伟、张晨曦、彭双、王超、杨亚涛等为本教材提供的案例素材，有了这些，才有了《室内软装设计》这本教材的出版。

诚然，本书编写团队学识有限、经验不够，书中难免存在不足，请广大学者和同行者直言赐教，批评指正，给出宝贵意见与建议，以便日后修订完善。

陈　静

二〇一五年七月

目录

概　述

技能实训

实训任务：

（1）利用网络和图书做国内外室内软装相关资料的搜集。

（2）市场调查，了解当地软装行业和陈设品市场的情况。

实训内容：

针对资料的收集，用钢笔速写或图片的形式表达。

实训要求：

建立图片库，搜集整理软装设计资料。

P1~28

1.1 室内软装设计的发展历史

20世纪初，兴盛于欧洲国家的装饰派艺术，经过数十年的发展，在30年代形成了声势浩大的软装饰艺术。然而，软装饰艺术在第二次世界大战时期已不再流行，但从60年代后期开始它又重新引起了人们的关注，并获得了复兴，到现阶段软装饰已经达到了比较成熟的程度。在中国，家居的装饰风格也从20世纪80年代的宾馆型和90年代的豪华型向现代的简约型转变。从设计的角度来看，现在的家庭装饰设计也逐渐从华而不实、缺乏实用性、一味追求观感和气派的形式主义向追求简洁、舒适、个性化、人性化的实用主义方向发展。后装饰时代已经来临，“轻装修、重装饰”的理念越来越被人们广泛接受与认同，室内软装作为室内设计的一个部分已经占据了相当重要的位置，不可取代。

1.1.1 国外室内软装设计的发展历史

国外室内软装设计的起源可以追溯到古埃及文明时期，从神庙和陵墓中可以看到精美的壁画和精致的雕刻（图1-1至图1-3），体现王室讲究的生活方式。而古希腊是西方历史的开源，经济生活高度繁荣，产生了光辉灿烂的希腊文化，室内环境注重明媚、浓艳与精美，室内布置可见雕塑、杯盘，以及描绘着画像的陶器瓶和质地柔软的纺织品（图1-4）。古希腊文明对后世的深远影响表现在古希腊灭亡后，由古罗马人破坏性地延续下去，从而成为整个西方文明的精神源泉。古罗马帝国特有的好战文化背景以及奴隶主贵族庸俗的审美观表现为罗马人追求奢华的生活方式（图1-5、图1-6），罗马庞贝城宽敞的居室空间里充斥着华丽的帷幔、壁龛以及精美的壁画、雕像和花瓶（图1-7）。

图1-1　古埃及陵墓

图1-2 古埃及壁画《埃尔涅弗法老墓壁画》

图1-3 古埃及壁画《冥神-奥赛里斯与法老王》

图1-4 古希腊陶瓷装饰

图1-5 古罗马万神殿

图1-6 古罗马万神殿

图1-7　电影《庞贝末日》剧照

图1-8　马赛克壁画

中世纪，拜占庭文化体现出强烈的波斯王朝的特色，色彩斑斓的马赛克、发达的丝织品用来装饰空间、分割空间（图1-8）。哥特时期的室内环境受哥特建筑的影响，以基督教堂最具代表性，尖券、束柱、基督教题材的绘画等元素出现在家具样式和室内帷幔装饰中（图1-9、图1-10）。

图1-9 巴黎圣母院

图1-10 巴黎圣母院

文艺复兴时期，绘画艺术作为重点被装饰在墙面和天花板中（图1-11），家具和悬垂的帷幔更多地反映了以人为本的室内陈设观念。

图1-11 佛罗伦萨教堂《最后的审判》乔尔乔·瓦萨里

文艺复兴促使了欧洲文化、艺术的空前发展，人们在早期文艺复兴的样式上加以变形，将绘画、雕刻等复杂工艺运用于装饰和艺术品，用材昂贵、装饰繁琐、感官奢华，形成了“巴洛克风格”（图1-12、图1-13）。然而一些贵族不满于巴洛克的庄重、严肃，认为室内装饰应该再细腻柔美一些，于是“洛可可风格”（图1-14）兴起了，这一时期的室内陈设显现出柔媚、温软、纤巧、细腻甚至琐碎，充满了女权色彩及浓郁的脂粉味，对浪漫、唯美的盲目追求，为装饰而装饰，决定了它只能为少数贵族服务，辉煌如同流星一样瞬间滑落（图1-15）。

图1-12 卢浮宫

图1-13 凡尔赛宫

图1-14 凡尔赛宫

图1-15 凡尔赛宫

20世纪初，新技术、新材料、新工艺给建筑和室内设计带来了划时代的革新，伴随着工业革命，世界文化进入到一个新的时代。当人们对着日益繁琐的装饰感到厌烦时，事物就向着相反的另一面进行。工艺美术运动意在重建手工艺的价值，要求塑造出“艺术家中的工匠”或者“工匠中的艺术家”（图1-16）。新艺术运动的威廉·莫里斯十分强调装饰与结构因素的一致和协调，为此他抛弃了被动地依附于已有结构的传统装饰纹样，而极力主张采用自然主题的装饰，开创了从自然形式、流畅的线型花纹和植物形态中进行提炼的过程（图1-17）。

“少即是多”的口号认为应该摒弃一切功能所不需要的多余形式，而“形式追随功能”的理念倡导脚踏实地重新回到功能至上的原则（图1-18）。

图1-16 威廉·莫里斯

图1-17　工艺美术运动理念的椅子

图1-18　芝加哥交通大厦 沙利文

当今世界设计领域向多元化、个性化、专业化发展，21世纪在产品设计与装饰中更是推崇将现代主义简约的空间与装饰艺术手法有机结合的趋势，陈设设计作为建筑空间中必不可少的物品，其简洁与流畅的线条造型、丰富的材质与斑斓的色彩组合，多样化的风格变化和陈设品设计将成为以绿色、生态、环保为主题的现代设计与装饰的主流。

1.1.2　中国室内软装设计的发展沿革

中国是一个历史悠久的文明古国，几千年的文明历史为人类留下了极为丰富的文化遗产，我国传统建筑的装修、色彩在建筑史上占有突出的位置，至于家具和陈设更是别具一格。从华夏远古先民开辟第一处居巢之时起，一种与居住相关的文化形态随之诞生。

商周时期，统治阶级迷信鬼神文化，青铜器多作为祭祀的礼器，并饰以饕餮纹和龙纹，表现出庄重、威严、凶猛的感觉。在商朝后期，青铜手工业十分发达，铜器都形制精美，花纹繁密而厚重（图1-19）。

图1-19　商周时期铜器纹样

图1-20 楚式家具

春秋战国时期，南国楚地，仍保留原始氏族的社会结构，因而楚式家具的纹饰含有浓厚的巫文化因素。家具上装饰鹿、蛇、凤鸟等图案，这类巫文化使楚式家具软装蒙上一层神秘的色彩（图1-20）。

汉朝建筑室内综合运用绘画、雕刻和文字等作各种构建的装饰，所用的花纹题材大致可分为人物纹样、几何纹样、植物纹样和动物纹样四类。这些纹样以彩绘与雕、铸等方式应用于地砖、梁、柱、斗拱、门窗、墙壁、天花和屋顶等处（图1-21、图1-22）。

图1-21 汉代画像石

图1-22 汉代画像砖

魏晋南北朝时期建筑材料发展主要在砖瓦的产量和质量的提高，以及金属材料的运用等方面。室内家具的变化表现在起居用的榻加高加大，既可躺又可垂足坐于榻沿，榻上出现了倚靠用的长几，半圆形的曲几，还有各种形式的高坐具（图1-23）。

图1-23 床榻

隋唐时期，家具工艺更接近自然和生活实际，室内墙壁上往往绘有壁画，彩画构图的装饰纹样常以花朵、卷草、人物、山水、飞禽走兽等现实生活为题材，图案欣欣向荣、五彩缤纷（图1-24）。

图1-24　敦煌壁画一三零窟盛唐时期

宋朝进入到理性思考的阶段，在哲学上尊崇道教，倡导理学。宋代家具一改唐代宏博华丽的雄伟气魄，转而呈现出一种结构简洁工整、装饰文雅隽秀的风格。无论桌椅还是围子床，造型皆是方方正正、比例合理，并且按照严谨的尺度，以直线部件榫卯而成，外观显得简洁疏朗（图1-25）。

图1-25　刘松年茶画《撵茶图》

明清的室内家具布置大都采用成组成套的对称方式，力求严谨划一。对称摆放的橱、柜、书架，辅以书画、挂屏、文玩、盆景等小摆设，达到典雅的装饰效果。南方以江南私家园林为代表，厅堂室内用罩、隔扇、屏门等自由分隔，使得室内空间具有似分又合的趣意。博古架和书架兼有家具与隔断的作用，花格的组合形式多种多样，格内陈设工艺品、书籍等，使得室内空间既有分隔又有联系的艺术效果（图1-26）。北方则以北京四合院为代表，室内设炕床取暖，室内外地面铺方砖，室内按照生活需要，用各种形式的罩、博古架、隔扇等划分空间，上部装纸顶棚，构成了丰富、朴素的艺术效果（图1-27）。

图1-26　苏州园林——拙政园

图1-27　北京四合院内景

近现代中国的软装，则是进入了混沌纷乱状态。清代晚期自道光以后，受外来文化的影响，家具造型开始向中西结合的风格转变，改变了明清家具以床榻、几案、箱柜为主的模式，引进了沙发、梳妆台、挂衣柜等，丰富了家具和软装饰品的品种，也是对传统古典家具式样的猛烈冲击（图1-28）。

图1-28　中国近现代软装

在当代，人们开始从纷乱的“模仿”和“拷贝”中整理出头绪，新一代设计队伍和消费市场逐渐成熟，孕育出了含蓄秀美的新中式风格，它们以华夏文明为原型，将中式元素与现代材料巧妙糅合，以新的姿态呼唤华夏文明在软装设计领域的回归（图1-29、图1-30）。

图1-29　中式风格室内装饰　彭双

图1-30　中式风格室内装饰　彭双

1.2 室内软装设计的基本知识

1.2.1 室内软装设计的定义

“软装”是关于整体环境、空间美学、陈设艺术、生活功能、材质风格、意境体验、个性偏好，甚至风水文化等多种复杂元素的创造性融合，是室内环境中所有可移动的元素统称。“设计”，通过符号把设计计划表现出来，把计划、规划、设想通过某种形式传达出来的活动过程。

由此我们可以总结出室内陈设设计的定义是：在室内设计的过程中，设计者根据环境特点、功能需求、审美要求、使用对象要求、工艺特点等要素，利用室内可移动物品精心设计创造出高舒适度、高艺术境界、高品位的理想环境（图1-31）。

图1-31

1.2.2 室内软装设计的基本内容与目的

室内软装设计包含物质建设和精神建设两个方面：室内“物质建设”以自然的和人为的生活要素为基本内容，它以能使人体生理获得健康、安全、舒适、便利为主要目的，兼顾“实用性”和“经济性”，并建立在人力、物力、财力的有效利用上。室内“精神建设”是室内空间内涵和气质的营造，是以视觉传递精神品质和生活内涵为基本领域，必须充分发挥“艺术性”和“个性”两个方面。艺术手段是美化室内视觉环境的有效方法，是建立在装饰规律中形式原理和形式法则的基础上面。室内的造型、色彩、光线和材质等要素，必须在美学原理的制约下，力求敏锐感观的鼓舞精神、陶冶情操的美感效果。而个性的塑造是表现室内灵性境界的理想选择，是完全建立在性格、特性、性情和学识教养程度各异的因素之上，通过室内形式，反映出不同的情趣和格调，才能满足和表现个人和群体的特殊精神品质和心灵的内涵（图1-32）。

图1-32

综上所述，室内软装设计要重视室内环境中的两个建设，即物质建设和精神建设，另外要灵活运用四个性能，即实用性、经济性、艺术性和个性。室内软装陈设设计必须积极调动人的聪明才智，展开丰富的想象力，充分发挥有限的物质条件，创造无穷的精神世界，造福于人类社会。

1.2.3 室内软装设计的作用

（1）烘托室内环境气氛，创造独特意境

气氛是指内部空间环境给人的总体印象，而意境则是指内部环境所要集中体现的某种思想和主题。意境比气氛更能激发人的联想给人启迪，是一种精神层面的享受。陈设物品通常具有较强的视觉感知度和独特的语汇，它对烘托室内环境的气氛、创造环境的意境有很大的作用（图1-33、图1-34）。

图1-33

图1-34

（2）突出室内空间的功能，丰富空间层次

依靠具象的陈设物品来强化室内空间的概念，使空间的使用功能更趋合理，更好地为使用者服务，同时使室内空间更富有层次感（图1-35）。

图1-35 图片来源于室内设计联盟

（3）强化室内环境的风格

室内设计风格的表达不仅仅取决于硬装，更多的要依赖于室内陈设物品的合理选择和布置。陈设物品的造型、图案、色彩、质地等要都具有明显的统一风格特征，这样才能在环境气氛的营造、对使用者视觉触觉的感知和心理影响以及传递文化信息等方面，起到更深层次的作用（图1-36）。

图1-36 图片来源于室内设计联盟

（4）柔化室内空间，调节室内环境的色彩

现代建筑空间大多是由直线和板块形体构成的，混凝土、钢材和玻璃等材料通常使人感觉生硬、冷漠和单调。而丰富多彩的室内陈设物品以其亮丽的色彩、生动的形态和无限的趣味，明显地柔化了空间感，同时赋予空间勃勃生机（图1-37）。

图1-37　图片来源于室内设计联盟

（5）反映室内环境的历史文化和时代感

在漫长的历史进程中，不同时期、不同区域的文化赋予了陈设设计不同的内容，也造就了陈设设计多姿多彩的艺术特性。陈设品的时代特性能较好地反映室内环境的历史文化（图1-38）。

图1-38

（6）营造室内环境情趣，表现个人性格

室内环境情趣的营造往往需要借助于陈设品的摆设或其本身的趣味。室内陈设品的选择与摆放能反映设计者或主人的审美倾向及文化修养、个性、爱好、年龄和职业特点，是展示自我、表现自我的有效手段（图1-39）。

图1-39

1.2.4　室内软装设计的原则

软装设计主要是指室内空间中的家具、灯具、家用电器、纺织品、日用品、艺术品、花卉植物等装饰物品在居室中的搭配与放置，以及与室内空间相互共融、相互组合的关系。陈设设计是陈设物品在空间里有目的性的组织和规划。

室内陈设在设计构思上应纵观室内空间全局、局部细致深入，在方寸之间、在空间与空间的衔接上，创造出具有审美价值的多样化、个性化的陈设空间。充分利用不同陈设品所呈现出的不同性格特点和文化内涵，使单纯、枯燥、静态的环境空间变成丰富的、充满情趣的、动态的空间，从而满足不同政治、文化背景，不同社会阶层，不同消费需求的人的不同需求。

（1）风格一致

室内艺术风格的统一是打造空间的重要方法，首先要给室内空间设计做定位，使室内陈设品与室内的基本风格和空间的使用功能相协调，营造出一种整体的气氛，即内部空间环境给人的总体印象。其次具有鲜明风格特征的物品本身就加强了空间的风格特征，对于塑造空间的个性和氛围十分重要。风格的统一是指在选择陈设品时选择同一风格的物品作为空间陈设的对象（图1-40、图1-41）。

图1-40

图1-41

绿城·山东济南腊山御园售楼处　北京中合深美装饰工程设计有限公司　郭小雨

图1-42

（2）形态协调

室内软装设计的形式是通过空间、造型、色彩、光线、材质等要素，或归纳为形、色、光、质的完美组合所创造的整体审美效果。事实上是探讨陈设品在室内空间中存在的形式美法则。和谐是形式美的最高法则，体现在室内陈设中是统一性原则，就是利用各种陈设品组织摆设形成一个整体，营造出自然和谐、雅致格调的空间氛围（图1-42、图1-43）。

图1-43

北京密云别墅B1户型　北京中合深美装饰工程设计有限公司　郭艺葳　郭小雨

（3）色彩统一

色调统一的室内给人一种平和、安逸的氛围，是人们在室内最佳选择的色彩系统。对于色彩搭配的方法，一方面可以选择整体室内空间在同一色相中不同明度和纯度的变化形成室内整体色调的统一（图1-44）。另一方面可以选择对比关系的色彩进行设计，对比色是将色相环中成180°角的两个颜色搭配在一起，使人感受到强烈的视觉冲击力，这类对比色的应用多用于装饰品或者小面积的色块（图1-45）。

图1-44

图1-45 图片来源于室内设计联盟

1.3 室内软装设计的分类

室内软装可分为居住空间设计和公共空间设计。

居住空间中的家居住宅空间软装设计（图1-46、图1-47）。

图1-46 北京中合深美装饰工程设计有限公司供稿 郭小雨 石哲

图1-47　北京中合深美装饰工程设计有限公司供稿　郭小雨　石哲

居住空间中的商业酒店空间软装设计（图1-48）。

图1-48 璞瑜酒店

公共空间中的商业空间软装设计（图1-49）。

图1-49 《梦洁宝贝》武汉站

公共空间中的餐饮空间软装设计（图1-50、图1-51）。

图1-50 随缘小厨

图1-51　随缘小厨

公共空间中的娱乐空间软装设计（图1-52、图1-53）。

图1-52　密室主题娱乐馆

图1-53　密室主题娱乐馆

公共空间的办公空间软装设计（图1-54、图1-55）。

图1-54　深圳弥曼视觉工作室

图1-55　深圳弥曼视觉工作室

室内软装设计范畴

技能实训

实训任务：

旧物改造

实训内容：

以废旧物品为原料，运用巧妙构思，做成各种实用小物件，从而变废为宝。

实训要求：

体现“低碳、绿色、环保”的生活理念，让废旧物品再次发挥它们的价值。

P29~54

2.1 家具陈设

家具的整体布局大概可以分为四种：第一种是规则式的，这种方式适合庄重、肃穆的场合，比如一些会议室、礼堂等。第二种是自由式的，这种布局比较适合年轻人居多的，青春活泼的场合，比如很多艺术设计工作室的环境就是敞开式的，很轻松自由的环境，这样更能激发艺术家们的创作热情。第三种是集中式的，这种布局比较适合房屋面积较小的空间，这样可以节省空间。第四种是分散式的，这种布局就比较适合房屋面积较大，家具种类比较多的情况。这样可以对家具进行分组，空间有了明确的功能划分（图2-1）。

家具的实用性最重要，它直接决定了人们能否生活得舒适自在，精挑细选的家具、合理的摆放位置、巧妙的摆放方式能提高居住者的生活品质，相反，不科学的设计会在很大程度上限制人们的生活方式，所以家具陈设需要遵循以下几个原则：

①应与室内使用功能相一致；

②大小、形式与室内空间家具尺度取得良好的比例关系；

③色彩、材质与家具、装饰统一考虑，形成一个协调的整体；

④布置应与家具布置方式紧密配合，形成统一的风格；

⑤布置部位：墙面陈设、桌面陈设、陈设橱柜、落地陈设、悬挂陈设等。

图2-1

2.1.1　家具的种类与特性

家具的种类是比较丰富的，按照空间功能的不同可分为客厅家具、卧室家具、书房家具、厨卫家具这四大类；按使用功能分类：坐卧类、凭倚类、贮存类。按制作材料不同分类：木制材料、竹藤材料、金属材料、玻璃材料、塑料材料、软垫材料。按结构形式不同分类：框式结构、板式结构、折叠结构、支架结构、充气结构。

2.1.2　家具的功能与作用

家具的功能不仅实用还须美观，这是家具发展的趋势，而且家具在空间中还起到组织空间、变化空间、分隔空间、整理空间、丰富空间的作用。在现今，很多一线城市的住房较为紧张，多功能家具非常受欢迎，比如一间房间里，如何满足客厅、书房、卧房等空间的需求，可折叠的沙发床，可变形的桌椅都可以满足空间的多功能使用。

2.1.3　家具的陈设范围与方法

（1）客厅家具

客厅室内家具配置主要有沙发、茶几、电视柜、酒吧柜及装饰品陈列柜等。以下是几种常见客厅陈设方法。

①家庭型温馨客厅家具陈设。

整体布局非常温馨舒适，适合家人团聚聊天，对称和相对封闭的结构看上去完整有序。主沙发斜视电视机的摆放方法也表明了这是个希望增进家人之间互相了解的客厅（图2-2、图2-3）。

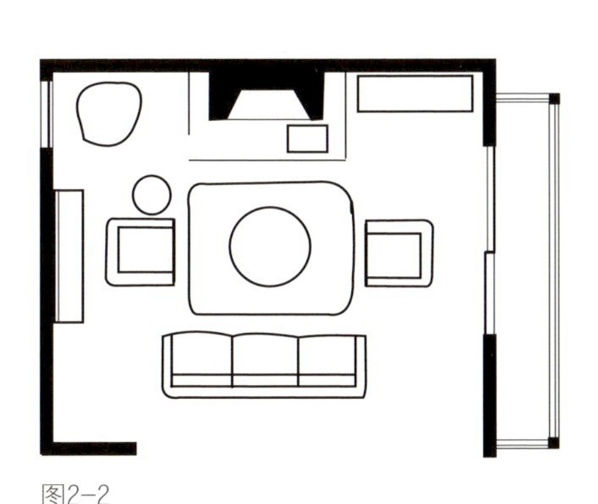

图2-2

图2-3

②娱乐型客厅家具陈设。

将沙发放置在面对阳台的位置，再配上一张平铺的沙发床，让窗外的景色变得一览无遗，这种结构方便进出阳台，适合交谈闲聊，大沙发床也为集体聚会时提供了充足的座位，非常适合热爱派对、经常举办娱乐活动的家庭（图2-4、图2-5）。

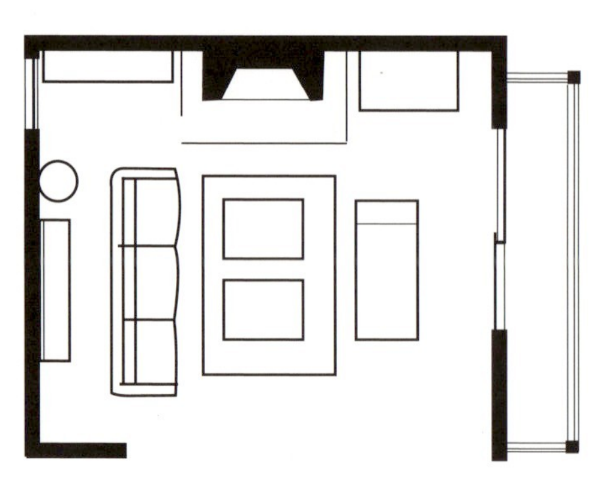

图2-4

图2-5

③电视为主的客厅家具陈设。

沙发直接面对电视，大坐垫、靠枕随意地散落在地上，这种休闲的布局非常适合喜欢长时间看电视的家庭，如果家里小孩或者大人喜欢席地而坐，这些散落的坐垫会让人觉得十分温馨舒适（图2-6、图2-7）。

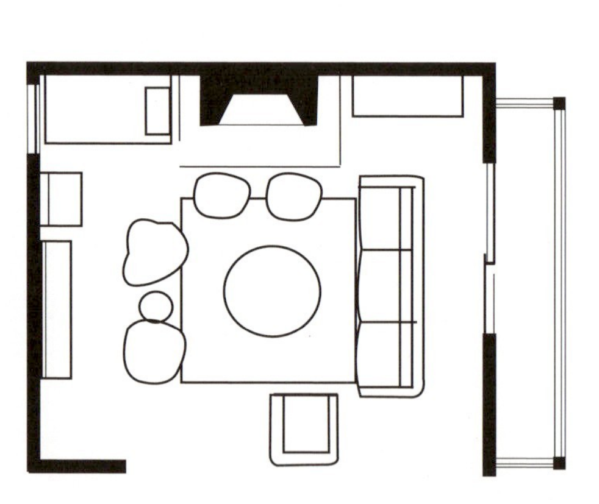

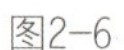

图2-6

图2-7

（2）卧室家具

卧室是忙碌了一天的人们休息的场所，让人得到彻底的放松和充分的休息是其主要功能，所以最重要的家具是床，对于空间比较充足的卧室来说还有梳妆台、衣柜等。卧室的家具摆放应该坚持以下原则。

首先，要确定床的位置，确定好之后再考虑其他的家具。

①床头不能靠门，不能正对门，不能横梁压床，不可对镜，床位最好选择南北朝向，顺应地磁引力。

②卧室空间允许的话，床头和床的一侧靠墙，另外一侧可以把需要的家具以组合形式，健身器材或单人沙发配成多样化休息空间。

其次，卧室家具从选材、色彩、室内灯光布局到室内物件的摆设都要经过精心设计。

①观察房间结构，确定活动的中心。

②考虑好贯通全家的通道，方便正常的通行。

卧室家具陈设总体考虑营造温馨、舒适，色彩忌用高纯度、色彩过于艳丽，家具大小比例适当、均衡，数量忌多，巧妙运用布艺灯光营造温馨浪漫的氛围。

（3）书房家具

书房虽然是专心工作学习的地方，但也不能毫无风格、过于单调乏味。书房的软装需从书桌入手，书桌的摆放地点是考虑的重点。如果业主希望在卧室中辟出一角来工作学习，那么书桌的风格就要配合卧室的整体风格。位置很重要，书桌要向门口，办公椅要有靠背，书桌不宜对着窗户。

（4）卫生间家具

卫生间与我们的健康相关，卫生间的陈设是否科学合理，标志着生活质量的高低。真正舒适的卫生间，需具备以下条件：布局合理的卫生间应该有干燥区和非干燥区之分；卫生间的空间 必备的洗手台、坐便器、淋浴、浴缸，干湿分离的设计，浴缸的选择可根据空间需要选用，陈设满足基本生活需要即可。

2.1.4 家具陈设的注意事项

家具陈设原则：从使用要求出发，确定应配置家具的类型和数量；把握好空间的风格，合理选用家具；注意总体艺术效果，确定家具外形；充分利用不同类型家具特点，丰富室内空间气氛；注意处理好空间结构。

配置家具时要注意的问题：考虑室内空间功能的要求；满足室内风格的需要；适当选择色彩与材质；迎合绿色环保的要求。

2.1.5 家具陈设案例赏析

项目：北京保利陇上私人别墅

设计：北京安悦宅装饰设计有限公司

欧式古典风格是一种追求华丽、高雅的古典，其设计风格直接对欧洲建筑、家具、文学、绘画甚至音乐艺术产生了极其重大的影响，具体可以分为六种风格来简述：罗马风格、哥特式风格、文艺复兴风格、巴洛克风格、洛可可风格、新古典主义风格。其中家具最为完整地继承和表达了古典欧式风格的精髓，也最为让后世所熟知，尤其是以塞特维那皇室家具为代表的古典欧式家具完整保存了古典欧式风格，在传承、发扬古典欧式文化中起到了重要作用（图2-8至图2-10）。

图2-8

图2-9

图2-10

2.2 灯具陈设

灯具是电光源、灯体、灯罩及其他附件的总称。装饰灯具是人们生活、工作、学习、展示的必需品，也是美化室内空间环境的艺术品，被设计界称为光的绘画与雕塑（图2-11、图2-12）。

图2-11

图2-12

2.2.1 灯具的种类与特性

吊灯。样式品种繁多：欧式烛台吊灯多用于欧洲古典风格，灵感来自古时烛台的照明方式，在悬挂的铁艺上放置数根蜡烛如今很多吊灯设计成这种款式，只不过将蜡烛改成了灯泡。其次水晶灯有几种类型：天然水晶切磨造型吊灯，重铅水晶吹塑吊灯、低铅水晶吹塑吊灯；水晶玻璃坠子吊灯、水晶玻璃压铸切割造型吊灯等，目前市场上的水晶灯大多由仿水晶制成。然而外形古典的中式吊灯，明亮利落，适合装在门厅区，在进门处，明亮的光感给人以热情愉悦的气氛。现代风格的吊灯在当下市场很受欢迎，具有现代感的吊灯款式众多，供挑选的余地非常大。

吸顶灯。常用的吸顶灯有方罩吸顶灯、圆球吸顶灯、尖扁圆吸顶灯、半圆球吸顶灯等。吸顶灯适合于客厅、卧室、厨房、卫生间等处照明。吸顶灯可直接装在天花板上，安装简易，款式简单大方，赋予空间明快的感觉。

落地灯。常用作局部照明，不讲全面性，而强调移动的便利，对于角落气氛的营造恰到好处。落地灯的采光方式若是直接向下投射，适合阅读等需要精神集中的活动，若是间接照明，则一般放在沙发拐角处，灯光柔和，晚上看电视时使用，效果很好。

壁灯。适合于卧室、卫生间照明。常用的有双头玉兰壁灯、双头花边杯壁灯、玉柱壁灯、镜前壁灯等。选壁灯主要看结构、造型，铁艺锻打壁灯、全铜壁灯、羊皮壁灯等都属于中高档壁灯。

台灯。按材质分陶灯、木灯、铁艺灯、铜灯等，按功能分护眼台灯、装饰台灯、工作台灯等，按光源分灯泡、插拔灯管、灯珠台灯等。选择台灯主要看电子配件质量和制作工艺，一般客厅、卧室多用装饰台灯，而工作台、学习台则多用节能护眼台灯。

筒灯。一般装设在卧室、客厅、卫生间的顶棚上。这种嵌装于天花板内部的隐置性灯具，所有光线都向下投射，属于直接配光。筒灯不占据空间位置，增加空间的柔和气氛，如果想营造温馨的感觉，可试着装设多盏筒灯，减轻空间压迫感。

射灯。可安置在吊顶四周或家具上部，也可置于墙内、墙裙或踢脚线里。光线直接照射在需要强调的家具或装饰物上，达到重点突出、层次丰富、缤纷多彩的艺术效果。射灯光线柔和，雍容华贵，既可对整体照明起主导作用，又可局部采光，烘托气氛。

2.2.2 灯具的功能与作用

（1）划分区域

同一个室内空间有时需要分出两个以上不同的功能区，利用灯具的布置和灯光的处理是划分区域的有效手段之一（图2-13、图2-14）。

图2-13 北京中合深美装饰工程设计有限公司供稿 张杰

图2-14

（2）强化重点

室内空间中常有许多需要构成视觉中心的区域和物体，大到酒店的总服务台、商场的陈列柜，小到墙上的装饰画等，都需要强化其在空间的感知度（图2-15）。

图2-15

（3）表现风格

装饰灯具外观的艺术造型可反映出不同国家、民族、地区的特殊风格。例如，中式木制宫灯表现中国传统风格，和式灯具表现日本民族的鲜明特点（图2-16）。

（4）渲染气氛

灯具的照度、光色可以渲染环境的气氛。灯具形成的光影对比、光色对比、强弱对比等，可形成空间的多层次或物件的立体形象，增加视觉上的丰富感（图2-17）。

图2-16

图2-17

2.2.3 灯具的陈设范围与方法

（1）按照空间功能布置适宜的照明亮度

以门厅和走廊为例：门厅是进入室内给人最初印象的地方，灯光要明亮，灯具的位置要安置在进门处和深入室内空间的交界处。走廊内的照明应安置在房间的出入口、壁橱处，特别是楼梯起步和方向性位置，楼梯照明要明亮，以避免危险。

（2）光源组织应以区域照明、重点照明和装饰照明相结合

以客厅和餐厅为例：客厅需要多种灯光充分配合，首先就客厅的整体布局来说，面积较大，应选择大一些的多头吊灯，而高度较低、面积较小的客厅，则选择吸顶灯；其次，吊灯四周或家具上部需要重点照明，局部使用射灯能营造独特环境，达到重点突出，层次丰富的艺术效果。餐厅的局部照明首先要采用悬挂灯具做区域划分，同时还要设置装饰照明，使用柔和的黄色光，可以使餐桌上的菜肴看起来更美味，增添餐饮环境的气氛和情调。

（3）灯具种类要兼顾直接照明、间接照明和漫射照明多种形式

以卫生间为例：卫生间由于室内的湿度较大，灯具应选用防潮型的，以塑料或玻璃材质为佳，灯罩宜选用防水吸顶灯为主灯用来直接照明，射灯为辅灯，也可直接使用多个射灯从不同角度照射用来间接照明，给浴室带来丰富的层次感。卫生间在不同的功能区可用不同的灯光布置：洗手台的灯光设计比较多样，但以突出功能性为主，在镜子上方及周边可安装射灯或日光灯，方便梳洗和剃须。淋浴房或浴缸处的灯光可设置成两种形式，一种可以用天花板上射灯的光线照射，方便洗浴，另一种则可利用低处照射的光线营造温馨轻松的气氛（图2-18、图2-19）。

图2-18

图2-19

2.2.4 灯具陈设的注意事项

灯光布置最忌“混乱和复杂”，射灯、筒灯、花灯、吊灯、壁灯不可全用，且光源五颜六色，让人眼花缭乱。好的室内光环境的营造，需要良好的策划：灯具正确定位，照明以人为本。

（1）满足室内照度的要求

照明是灯具的基本功能，保证空间的适当照度是选择与布置灯具的前提条件。

（2）符合空间的总体风格

作为室内陈设之一的灯具，其装饰作用不是孤立的，它与室内装饰及其他陈设密切相关，只有互相结合为一个和谐的整体，才能真正体现出装饰的美感。

（3）考虑空间功能的要求

不同功能的空间对灯具的照明有不同的要求，选择合适的灯具和照明可以使空间功能得到充分发挥，若选择不当则功能就会受到影响，甚至出现适得其反的结果。

（4）适应空间形态的尺度

室内空间的大小、高度和形状都是选择和布置灯具必须考虑的因素，灯具只有与这些因素相协调才能使得其所、相得益彰。

（5）符合绿色环保的要求

优先选择高效节能且无污染的绿色环保灯具及可调控的灯具，这样可以大大降低耗电量，充分节约能源。

2.2.5 灯具陈设案例赏析

项目：润泽庄苑售楼处室内照明设计

设计：弗曦照明设计顾问（上海）有限公司

本案为售楼部室内照明方案，配置的灯具有可调角度筒灯、双头可调角度筒灯、灯带、花灯、下照筒灯、台灯、埋地灯等。照明设计一方面表现在通过不同类型的灯具配置满足空间照度的需要，更从上到下、从大到小的尺度去设计灯具的位置，做到高度和谐统一；另一方面从项目的风格出发，这是典型的欧式风格，搭配风格的灯具为欧式水晶吊灯，从项目不同的图面展示，可见不同大小、不同样式以及不同数量的水晶吊灯充斥着整个空间，再配以沙发局部的欧式古典台灯，瞬间营造出富丽堂皇的华贵气氛（图2-20）。

图2-20

2.3 织物陈设

由于织物在室内的覆盖面积大，所以能对室内的气氛、格调、意境等起很大作用。在公共空间，软性材料可能只是作为点缀性，缓冲性出现。至于私密空间，则几乎全部以软性材料为主题，塑造出居室应有的温暖，织物材料丰富，便于更换（图2-21）。

图2-21

2.3.1 织物的种类与特性

（1）织物的种类

室内织物主要包括地毯、窗帘、家具的蒙面织物、陈设覆盖织物（沙发套、沙发巾、台布、床单等）、靠垫、壁毯，此外还包括顶棚织物、壁织物、织物屏风、织物灯罩等。

（2）织物的特性

①覆盖面积比较大，起到的作用非同小可，构成室内的主体色调。

②柔软的特性，触觉舒适，视觉感到温暖，常被室内设计所采用。

③重量比较轻，即使做成装饰悬挂物，也不会造成危害，具有安全的特性。

④材料来源丰富，工艺比较复杂，质地变化，图案变化，色彩变化等效果极其丰富。是其他材料不可替代的。

⑤价格便宜，方便更换，吸声性强。

⑥陈设覆盖物它们可以防止尘土，减少磨损。例如桌布、沙发套等。

2.3.2 织物的功能与作用

织物在室内起到分隔性、衬托性、装饰性、调节性的作用，弥补房间硬装设计的缺憾，可以调节整个空间中的氛围情调，对房间的感官调节作用巨大，同时也体现了生活的高品质。

2.3.3 织物的陈设范围与方法

（1）窗帘

窗帘具有遮光、减弱过强的光线和阻避门户视线的功用，它增加了室内空间的私密性与安全感。窗帘有落地窗帘、半窗帘和全窗帘等多种形式（图2-22）。布艺帘的基本设计步骤：

第一步，确认窗户类型，确定布帘组成及风格款式。

第二步，根据不同窗户形状和功能，选配适当款式窗帘根据不同的功能需要，设计出各种款式的窗帘样式，比如单幅窗帘、双幅窗帘、短帷幔窗帘、咖啡窗帘、内挂布卷帘、外挂布卷帘等。

各个空间因为使用环境不同，需要充分研究窗帘的功能特点：厨卫空间因为环境潮湿、多油烟，耐擦洗的金属百叶窗较合适；另外休闲室、茶室需要一种返璞归真的感觉，较适合选用木制或竹制窗帘；阳台经常暴晒在阳光下，选用耐晒、不易褪色材质的窗帘最合适；书房为了达到有助于放松身心和思考问题的目的，可以选择透光性好的布料。

第三步，根据空间风格定位，确定窗帘设计风格。

图2-22 室内效果图 王超

（2）地毯

如今室内装饰中地毯的软装效果越来越被重视，并且已经成为一种新的时尚潮流。选择一块与居室风格十分吻合的地毯可以画龙点睛。当然，地毯除了具有很重要的装饰价值以外，还具有美学欣赏价值和独特的收藏价值，比如一块弥足珍贵的波斯手工地毯就足可传世（图2-23）。

图2-23

作为地面材料的地毯，有如下特征：步行性好、保温性好、吸声性好，有适度的弹性、装饰性、耐久性好、节能等（图2-24至图2-26）。选择地毯时，考虑其颜色与整个室内装修的色调搭配，构成一个整体。

图2-24 纯羊毛地毯

图2-25 真皮地毯

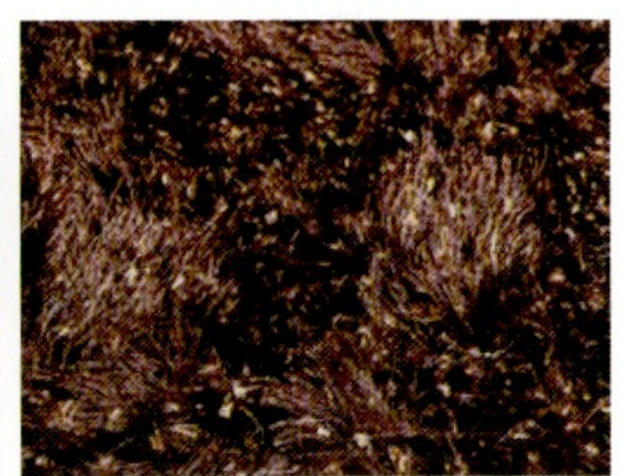

图2-26 化纤地毯

家居环境的地毯选用：软装设计师在选择地毯时，必须从室内装饰的整体效果入手，注意从环境氛围、装饰格调、色彩效果、家具样式、墙面材质、灯具款式等多方面考量，从地毯工艺、材质、造型、色彩图案等诸多方面着重考虑。首先，需要注意的是地毯铺设的空间位置，要考虑地毯的功能性和脚感的舒适度，以及防静电、耐磨、防燃、防污等方面因素，购买地毯时应注意室内空间的功能性；其次，图案色彩需要根据居室的室内风格确定，基本上应该延续窗帘的色彩和元素，另外还应该考虑主人的个人喜好和当地风俗习惯。餐桌下的地毯不要小于餐桌的投影面积，以餐椅拉开后能正常放置餐椅为最佳；卧房的床前、床边可在床脚压放较大的方毯，长度以床宽加床头柜一半长度为佳（图2-27）。

图2-27　室内效果图　杨亚涛

2.3.4 织物陈设的注意事项

织物的陈设需注意：色彩必须服从室内整体色调；色彩与环境对比较强的装饰织物不可滥用；根据实际用途选用不同质地和肌理效果的产品；根据不同的织物纹样进行合理运用。 织物系列色彩设计的核心是色彩的空间构成，使之系列化,系列化会让空间的风格统一形成秩序性。织物的系列性主要表现如下：

织物染色、工艺系列	
织物品种系列	A.地毯系列　B.窗帘系列　C.床罩系列　D.靠垫系列
织物与其他织物构成系列	A.窗帘和壁纸　B.窗帘和挂画　C.靠垫和沙发　D.窗帘、床罩、枕垫
织物与室内的其他物件构成系列	A.织物与家具系列　B.织物与灯具系列　C.织物与器皿系列　D.织物与大件陈设物系列 E.织物与柱、墙、顶、绘画构成系列

2.3.5 织物陈设案例赏析

项目：沈阳绿地国宾府样板房

设计：北京安悦宅装饰设计有限公司

本案例中的织物成系列化，其中窗帘、床靠及背景墙、床上织物用品在色调上、图案构成、质地上构成系列（图2-28至图2-30）。

图2-28

图2-29

图2-30

2.4 绿植陈设

现代社会中的人们在室内生活的时间越来越多，所以室内环境品质已经成为不可回避的现实。住宅环境从“单纯居住”转变为“健康休闲空间”，对植物的要求也在逐渐提高。植物是具有生命力并持续生长的陈设物，无疑是现代陈设设计的灵魂。室内绿植陈设，包括室内植物装饰设计（以桌、几、架等家具为依托，一般尺度较小)和室内景观(以室内空间为依托的室内植物、水景、山石景、内庭、细部小品)。

2.4.1 绿植的种类与特性

我们应该选择具有耐阴、根系浅小且株型适合，易于管理又有利健康的观赏植物。根据植物的装饰性和功能性，可分为以下几类：

（1）花果美丽的观赏植物

仙客来叶子心形厚实有白色的纹理，花瓣由后向上反卷，像兔子耳朵一样，花色有紫色、白色、红色、粉色等。花期从晚秋到初春，有花香。放在室内半阴凉爽的地方，或玄关、客厅都很不错（图2-31）。

大花蕙兰一株有3～4个花茎，一个花茎上可开7～15朵花，量多花大，颜色有白、粉红色、红色、绿色等，花期长达一两百天，多做切花材料。耐寒喜光，养在窗边光线充足处即可，是兰花中最容易（图2-32）。

图2-31　仙客来

图2-32　大花蕙兰

四季常青，叶呈宽带状，花茎高25～50厘米，顶端花多而密集，冬春季开花。花大叶美，果期长，是宴会、客厅、门厅和居室陈设的名贵花卉之一。喜温暖湿润、半阴通风环境（图2-33）。

常绿灌木，高至1米。叶9月果实成熟变红，一直挂至来年花开，十分惹人喜爱。在腐殖质丰富、保水力强的土壤和稍阴处生长旺盛（图2-34）。

图2-33　君子兰

图2-34　朱砂根（富贵籽）

花像蝴蝶一样因此得名，花期1～3个月。喜高温湿润，冬天要注意防寒。喜散射光，放在薄纱帘下的窗边最合适不过了（图2-35）。

铃铛状的小花开满花茎，花色有蓝、紫、红、粉、黄、白等，芳香，花期春季。喜凉爽光照充足的环境。可在玻璃容器中水培鳞茎，陈设于书桌、窗台、置物架（图2-36）。

图2-35　蝴蝶兰

图2-36　风信子

（2）吸收有害气体和释放负离子的空气净化植物

最有代表性的室内大型观叶植物，可提高室内湿度，有效吸收挥发性有机化合物和祛除香烟烟雾。树形高大，在较宽敞的地方与其他植物组景，观赏效果非常好，也适合放置在客厅等室内光线较充足的地方（图2-37）。

具心形叶片和匍匐茎，藤蔓可长达十米，喜阴植物。能吸收室内异味、甲醛、二氧化氮。在玄关或厨房等狭小光照中的空间做垂吊植物，或做水培植物，观赏效果都非常不错（图2-38）。

图2-37 散尾葵

图2-38 绿萝

生长速度快，耐阴植物，避免光照过强，否则叶片会发黄下垂，影响观赏价值。适合忙碌都市白领和初学者种植，可陈设于室内光线充足或半阴的任何地方（图2-39）。

纤长的叶片中间或两边常有白色或浅黄色条纹。吊兰具有祛除室内污染物的功效，生长旺盛，做吊篮或置于花架、隔板上都可欣赏到植株的整体美感，在半阴凉处种植，土培、水培均可（图2-40）。

图2-39 广东万年青

图2-40 吊兰

在合适的温度下一年四季都会抽出白色的花茎。耐阴性强，很适合室内种植。吸收二氧化碳、丙酮、酒精、三氯乙烯、苯、甲醛的能力超强（图2-41）。

红掌的佛焰苞有白色、粉红色、深红色，中间是穗状花序。装饰和净化空气效果都很好，适合种植在刚装修好的房间。放在光线好但无直射光的位置（图2-42）。

图2-41 白掌（白鹤芋）

图2-42 红掌

2.4.2 绿植的功能与作用

（1）环境的美化

绿植可以柔化冰冷生硬的建筑线条，巧妙地遮掩必需而缺乏美感的空间，是目前植物室内陈设得到空前关注的原因。

（2）改善微气候

植物通过光合作用吸收二氧化碳，释放氧气；几盆植物能使夏天的室内温度降低2~3℃，使冬天温度上升2~3℃。另外，如果冬天放置室内面积2%的植物可增加5%左右的湿度；放置10%的植物可增加20%~30%的湿度，使室内干燥的环境变得很舒适。

（3）空气的净化

有关研究显示“简单地将室内植物（主要是观叶植物）放进居住空间并适当地管理，就可以既经济又有效地去除室内污染”，同时可吸收有害电磁波。植物还能提供新鲜的氧气和负离子，去除室内异味。

（4）健康的生活

植物或园艺活动，让身体、精神、灵魂都处于很舒适的状态。绿色植物对血压、脉搏、心律和视觉疲劳都有很好的舒缓作用。

2.4.3 绿植陈设的注意事项

不是所有的植物都适合摆放在室内，特别是那些人们长时间停留的居室内，更应该格外注意。

中国预防医科院病毒所曾毅院士检出52种植物含有促癌物质，其中铁海棠、变叶木、乌桕、红背桂花、油桐、金果榄、鸢尾等一些市民家中及公园里常见的观赏性花木均含有促癌物质。如果居室中种有此类植物，人们有可能由于长期吸入花粉、尘土颗粒等原因引发癌症。

另外还有一些植物不适宜放在居室里：

能产生异味的花卉：松柏类、玉丁香、接骨木等。

耗氧性花草：丁香、夜来香等。它们进行光合作用时，大量消耗氧气，影响人体健康。

使人产生过敏的花草：五色梅、洋绣球、天竺葵等。

2.4.4 绿植陈设案例赏析

近年来绿植界日渐兴盛的多肉植物，具有极强的美观性。既能让房子从外面看上去美美的，从房间里往外瞧也会有满满的生活情趣。种花养肉是赏心悦目，修身养性，陶冶情操，美化环境的事情。比如有一个这样的阳台，可以选择下面这些中小型和灌木型的多肉植物（图2-43）。

图2-43 阳台花园 许晓玉

2.5 饰品陈设

装饰品的陈设物范围很广，种类繁多，在室内环境中，其主要作用是加强室内空间的视觉效果，起着“画龙点睛”的重要作用，它最大功效是增进生活环境的性格品质和艺术品位。表面看来陈设物似乎只是为了加强室内空间的品质提供一些视觉焦点，但实际上好的饰品陈设物的价值比其表面更为积极，它不仅具有观赏玩抚的作用，并可以达到怡情遣兴和陶冶心情的效果，还含有潜移默化，创造表现，自我塑造和变化气质等功能。饰品陈设是室内环境中最易变更，最能随时随性增减的元素，最具有“生命力”，也是最能表达使用者真正的生活格调、情趣及修养内涵（图2-44、图2-45）。

图2-44 弗曦照明设计顾问（上海）有限公司供稿

图2-45

2.5.1 实用性陈设物

实用性陈设物指本身除供观赏外，还具有实际功能的物品。如日用器皿、餐具、茶具、书籍、乐器、玩具等，这类陈设物在经过一定的陈设处理后，都有其独特的艺术魅力和生活气息（图2-46、图2-47）。

图2-46 弗曦照明设计顾问（上海）有限公司供稿

图2-47 弗曦照明设计顾问（上海）有限公司供稿

2.5.2 装饰性陈设物

装饰性陈设物是指陈设物本身没有实用价值，纯属供赏玩用的物品。如书画雕刻、古董玉器等。这类物品大多数都有特别的纪念意义和强烈的陈设效应以及浓厚的艺术价值，能给予人最佳的欣赏效果，愉悦身心，能够有效的传递文化信息，营造良好的文化氛围（图2-48至图2-50）。

图2-48 弗曦照明设计顾问（上海）有限公司

图2-49 香港翠荷堂艺术中心有限公司——湖北美术学院藏龙岛校区工作室

图2-50 香港翠荷堂艺术中心有限公司——湖北美术学院藏龙岛校区工作室

学生作业收集整理的软装饰品（图2-51至2-57）

图2-51

图2-52

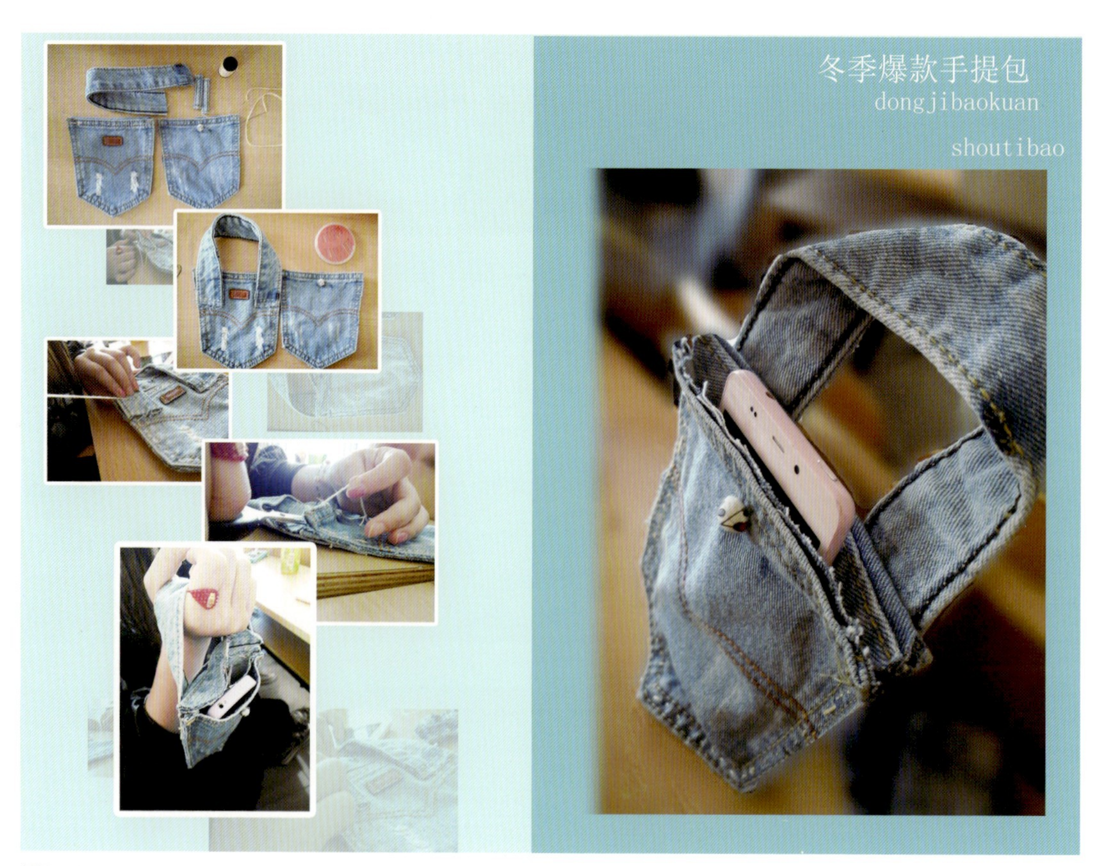

图2-53

图2-54

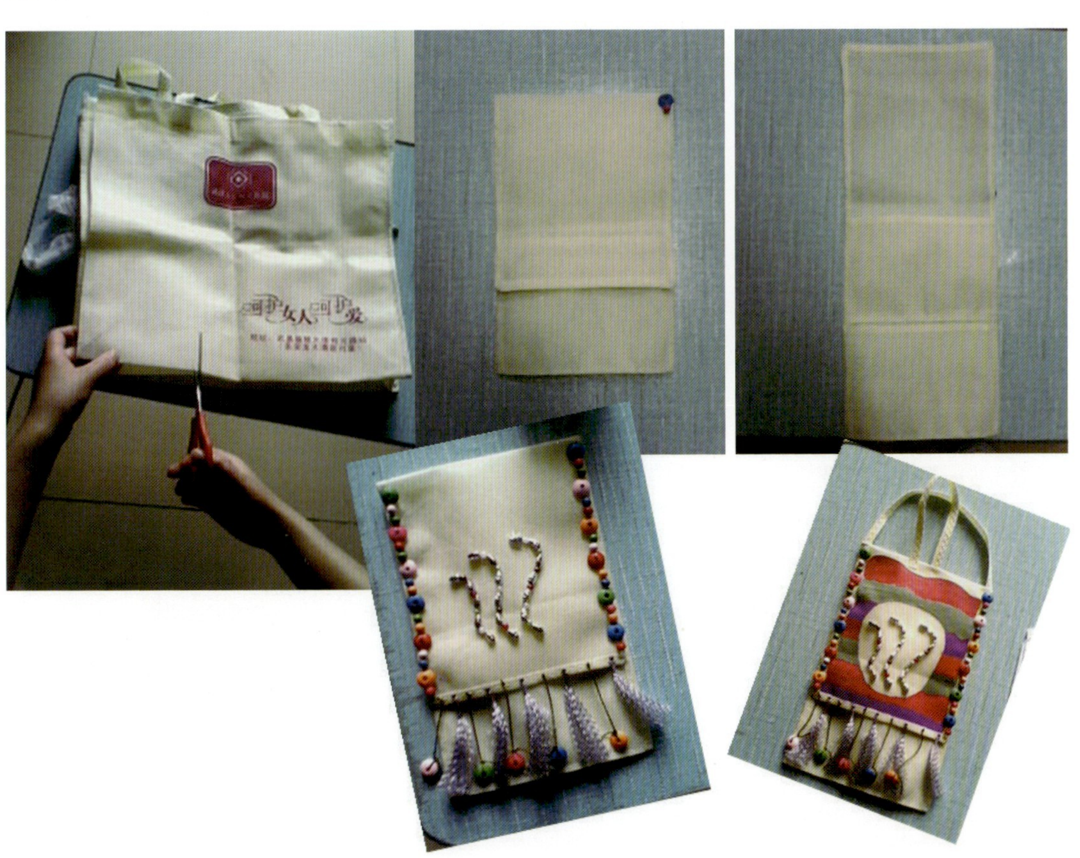

图2-55

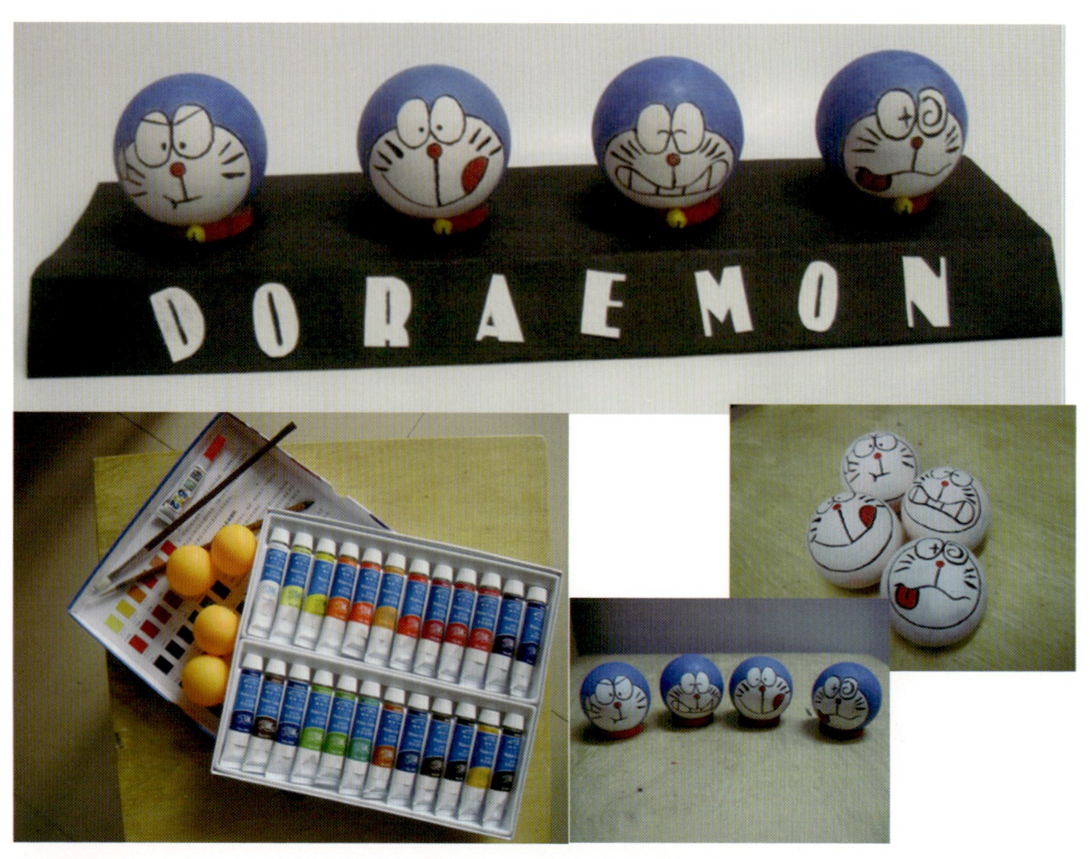

图2-56

图2-57

室内软装风格

技能实训

实训任务：

软装设计方案。

实训内容：

以居住空间为例，根据欧式风格的特点，选择家具、灯具、织物、绿植、装饰品为元素，做自定义居室的软装设计方案。

实训要求：

（1）电子图片，像素清晰，风格准确；

（2）软装元素不少于10件；

（3）处理图片并制作成图版一幅。

P55~76

3.1 欧式风格

欧式风格，在时间上起源于古希腊古罗马时期，终止于折中风格时期的各种欧洲建筑与艺术风格的混合运用和改良，它继承了欧洲3000多年传统艺术中华贵繁复的装饰风格，又融入了当代设计师对功能的追求。在地域上，它主要包括了希腊、意大利、法国、英国、西班牙和尼德兰这些西欧国家的风格演变。欧式风格的软装因为创造了一种复杂而华丽的视觉效果而被大家欣赏，它通常也被认为是传统的。实际上在今天多元混搭的设计理念下，人们已不再满足于欧式风格一贯的形象，欧式古典与其他室内风格的混合，总能制造出新奇和极具个性的家居空间。欧式风格软装犹如一个无穷无尽的宝库，设计师可以从中提取出取之不竭的装饰语汇，通过改变颜色、质感、形态等手段，创造出变化多端、不拘一格而又独一无二的创意风格。

（1）色彩

欧式风格的色彩运用通常有两种趋势，一种是继承了巴洛克风格和洛可可风格的丰富色彩，巴洛克的装饰喜欢使用大胆的颜色，包括黄、蓝、红、绿、金和银等，渲染出一种豪华的、戏剧性的效果。而洛可可喜欢用淡雅的粉色系，如粉红、粉蓝和粉黄等，整体感觉明快柔媚。另外巴洛克家具尺寸较大，其覆盖面多往外鼓出，使外形看上去十分饱满，透出一股阳刚之气；洛可可家具纤细而优雅，显示出女性化的品位和格调。另一种是讲究整体和谐，传递出新古典主义所追求的庄重和霸气感，多采用较为统一的中性色，如黑色、棕色、暖黄色等，再点缀以深色或金黄色的边缘装饰。一般都不能使用明度太高的颜色，使整体营造出高贵与宁静的气氛。此外，在以冷色调为主的室内设计中可多使用暖色调的陈设进行调节，反之亦然。

（2）布艺

窗帘是欧式风格布艺的主角，在欧洲，窗帘在18世纪前很少用，到了新古典时期才变得普遍。今天欧式窗帘基本采用开合帘和帷幔的形式，用料应有尽有，窗饰的形式十分丰富，一般有檐口、帷幔、垂花式、流苏边、蕾丝边等。用来承托开合帘的罗马杆也成为装饰的一部分，罗马杆因其轨道头喜欢借用古罗马建筑装饰而得名，轨道头的样式应与主要家具的风格一致，颜色则要与墙面、地面和窗帘的颜色相衬。欧式窗帘为了体现其华贵的特性，一般使用垂感好、厚实的布料，各种绒面料、高支高密的色织提花面料或印花面料。此外，厚厚的床垫、蓬松的被子，欧式风格的床上用品总是给人舒适的感觉，看上去就让人有一种要躺在上面的冲动。被子通常要大到能盖住床的两边，枕头要多层摆放，增加舒适和豪华的感觉。欧式风格的枕头多饰以各种形式的装饰，只有精致细腻的面料才能衬托出古典抱枕的高贵感，天鹅绒、真丝、羊绒这些贵重的面料都是很好的选择。

（3）装饰画

欧洲古典油画以写实手法为主，题材包括宗教、神话、历史、肖像、风俗、风景和静物等。古典油画风格大致分为两类：一类以文艺复兴时期和新古典主义时期的绘画为代表，给人稳重端庄之感（图

3-1、图3-2）；另一类则以巴洛克时期和洛可可时期的绘画为代表，表现活力，色彩绚烂（图3-3、图3-4）。在欧式风格中，装饰画的运用非常灵活，它们通常需要一个或庄重或金碧辉煌的画框（图3-5、图3-6）。

图3-1 莫奈油画作品

图3-2 莫奈油画作品

图3-3 弗拉戈纳尔油画作品

图3-4 弗拉戈纳尔油画作品

图3-5 油画框

图3-6

3.1.1 巴洛克风格

“巴洛克——繁复的装饰，金色的华丽，扭曲多变的线条，强烈的律动感，反复的堆砌之美。”（《写给大家的西方美术史》蒋勋）

巴洛克是一种代表欧洲文化典型的艺术风格，可以追溯至以意大利为首的欧洲国家在巴洛克时期的建筑与家具风格。这个时期的室内装饰设计强调建筑绘画与雕塑以及室内环境等的综合效果，突出夸张、浪漫、激情和非理性、幻觉、幻想等特点。巴洛克风格打破均衡，强调层次和深度，并常常使用各色大理石、宝石、青铜、金等装饰，华丽而壮观。浪漫主义精神为巴洛克软装风格设计的出发点，赋予亲切柔和的抒情情调，追求跃动型装饰样式，以烘托宏伟、生动、热情、奔放的艺术效果，造型华丽，渲染出奔放热烈的生活，利用多变的曲面，采用花样繁多的装饰，做大面积的雕刻、金箔贴面、描金涂漆处理，并大量应用面料包覆坐卧类家具。繁复的空间组合与浓重的布局色调，把每一件家具和软装饰品的抒情色彩表达得十分强烈（图3-7至图3-11）。

巴洛克风格的特点：奢侈与豪华，结合宗教特色和享乐主义；激情与气派，强调艺术家的丰富想象力；运动与变化，体现巴洛克艺术的灵魂；优雅与浪漫，富丽的装饰和雕刻以及强烈的视觉色彩；艺术形式的综合表现，在建筑上重视建筑与雕刻、绘画的综合，在陈设品上重视各种工艺和材料的结合运用。

（1）家具

巴洛克家具以壮丽与宏伟著称，强调力度、变化和动感的特色。一方面家具结构的造型特点表现在尺寸巨大，结构线条多为直线，强调对称，整体呈方正感，通常只在椅背或者桌面边缘有一些平缓的曲线起伏，为了体现其厚重感，椅子一般带有扶手和靠背，椅背普遍很高且两侧呈直线形，顶端带有平缓的曲线或装饰，给人以古典庄重之感；另一方面家具装饰的表现手法恰到好处地采用活泼但不矫饰的艺术图案，家具覆面十分华丽，各种各样的垫子起到了重要的装饰作用，装饰物总是大于正常比例且左右对称，贝壳、莨叶是其经常使用的装饰。家具设计的最大特色是将富于表现力的装饰细部相对集中，简化不必要的部分而强调

图3-7　凡尔赛宫

整体结构。因此相对应的室内软装陈设，包括墙壁和门窗的设计和设置，皆与家具的总体造型与装饰风格保持严格统一，创造了一种建筑与家具、软装和谐一致的总体效果。

（2）装饰品

巴洛克时期，贵族们对充满异国情调的东方趣味十分好奇，所以巴洛克装饰往往融合了一些东方元素，例如，在纺织品纹样中出现中国的山水风景和阿拉伯人物题材，或者模仿伊斯兰纹样。

图3-8　凡尔赛宫

图3-9　凡尔赛宫

图3-10　凡尔赛宫

图3-11　凡尔赛宫

坐落在巴黎凡尔赛镇的凡尔赛宫宫殿和城堡内部的巴洛克式陈设和装潢是世界艺术殿堂上的瑰宝。宫殿中的五百多间大小殿厅错落有致，装修得富丽堂皇，五彩的大理石墙壁光彩夺目，巨型的水晶灯如瀑布般倾泻而下，内壁和宫殿圆顶上布满的西式油画仿佛在诉说着昔日国王的战功赫赫，油画里神话故事被讲述得栩栩如生。内部陈设及装潢就更富于艺术魅力，室内装饰极其豪华富丽是凡尔赛宫的一大特色：500余间大殿小厅处处金碧辉煌，豪华非凡，内壁装饰以雕刻、巨幅油画及挂毯为主，配有17、18世纪造型超绝、工艺精湛的家具，除了用人像装饰室内外，还用狮子、鹰、麒麟等动物形象来装饰室内，有的还用金属铸造成楼梯栏杆，有些金属配件还镀了金，配上各种色彩有大理石，显得十分灿烂。天花板除了像镜厅那样的半圆拱外，还有平的，也有半球形穹顶，顶上除了绘画也有浮雕。宫内随处陈放着来自世界各地的珍贵艺术品，其中有我国古代的精品瓷器。

镜厅，又称镜廊，是凡尔赛宫最著名的大厅。长73米，高12.3米，宽10.5米，一面是面向花园的17扇巨大落地玻璃窗，另一面是由483块镜子组成的巨大镜面：镜廊拱形天花板上是勒勃兰的巨幅油画，挥洒淋漓，气势横溢，展现了一幅幅风起云涌的历史画面。厅内天花板上为巨大的波希米亚水晶吊灯，大理石和镀金的石膏工艺装点着墙面，高大的拱窗和瑰丽的天花板，体现出巴洛克风格室内设计的华丽与雄壮。地板为细木雕花，墙壁以淡紫色和白色大理石贴面装饰，柱子为绿色大理石，柱头、柱脚和护壁均为黄铜镀金，装饰图案的主题是展开双翼的太阳，表示对路易十四的崇敬（图3-12）。

图3-12 凡尔赛宫 镜厅

3.1.2 洛可可风格

“洛可可——法国大革命前的宫廷艺术主流，崇高、富贵、华丽反复的装饰美”（《写给大家的西方美术史》蒋勋）。

18世纪的法国，一种非对称的、富有动感的、自由奔放而又纤细、轻巧、华丽繁复的装饰样式，被后人称为洛可可艺术风格。其设计特点是室内装饰和家具造型上凸起的贝壳纹样曲线和莨叶呈锯齿状的叶子，以及蜿蜒反复出现的意趣盎然的曲线，常用“C”形、“S”形、旋涡形等形式，造型构图遵从非对称法则，且带有轻快、优雅的运动感。洛可可崇尚自然，装饰题材常用蚌壳、卷涡、水草及其他植物曲线为花纹，局部以人物点缀，并以高度程式化的图案语言表达；打破了艺术上的对称、均衡、朴实的规律，在家具、建筑、室内等艺术的装饰设计上，以复杂自由的波浪线条为主势，把镶嵌画以及许多镜子用于室内装饰，形成了一种轻快精巧、优美华丽、闪耀虚幻的装饰效果。色彩娇艳、光泽闪烁，象牙白和金黄是其流行色，并经常使用玻璃镜、水晶灯强化效果，色泽柔和、艳丽，以白色、金色、粉红、粉绿和粉黄等娇嫩色调为主，并以大量饰金的手法营造出一个金碧辉煌的室内空间。

洛可可风格的特点：细腻柔媚，变化万千，但有时流于矫揉造作。室内墙面粉刷爱用嫩绿、粉红、玫瑰红等鲜艳的浅色调，线脚大多用金色，墙面大量镶嵌的镜子闪烁着光辉，低垂厚重的幔帐，悬挂晶体玻璃的吊灯，室内护壁板有时用木板，有时做成精致的格框，框内四周又一圈花边，中间常衬以浅色东方织锦，居室陈设着精美的中国瓷器、屏风、地毯，墙面上贴着绸缎的墙纸、天鹅绒布面，光滑漂亮的大理石花纹。

（1）家具

洛可可家具有着如流水般的木雕曲面和曲线，其形态更加优美，上面饰以精美的雕饰、华丽的织物覆面，工匠们把最优美的形式与最可能的舒适效果巧妙地结合在一起。非对称美是洛可可风格最为认知的特色，从沙发的造型到各种细节装饰，都常使用非对称的手段增加动感效果，营造出一种戏剧化的室内气氛，彰显主人的爱好和品位。桌腿和椅腿大部分是“S”形，以各种花草形状组合在一起，甚至是人像和动物。洛可可风格的家具华丽精致而偏于烦琐，不像巴洛克风格那样色彩强烈，装饰浓艳，它以不对称的轻快纤细曲线著称，以回旋曲折的贝壳形曲线和精细纤巧的雕饰为主要特征，以凸曲线和弯脚作为主要造型基调，以研究中国漆为基础，发展出一种既有中国风格又有欧洲独自特点的流行装饰技法。

（2）装饰品

充满动感的天使雕塑、花枝烛台和各式各样的镜子都显示出洛可可风格，烛台宛如花朵的造型，每个弯曲处都异常精致优美，镜子的映射作用一方面扩大了室内的空间感，削弱了建筑的特点，使装饰趋向于统一和谐，另一方面，镜子闪烁的反射光和金色的边框增强了洛可可风格装饰的闪耀之感。

影片《绝代艳后》讲述的是路易十六的妻子玛丽·安托伊奈特的生平，而这个时期，也正是洛可可艺术最为繁盛的时期。本片场景华丽之极，是最具代表的洛可可风格，从建筑到室内装饰，再到人们的着装，无不散发着洛可可独有的浪漫浮华的情调，亮的白、粉嫩色调、纤巧的金色或银色的装饰，以致有人评论洛可可是艳俗的，它确实体现了当时法国上层贵族慵懒、享乐、奢靡、风流的社会风气。在《绝代艳后》中，洛可可风格到处可以见到。在服装上，这场美轮美奂的宫廷时装秀获得了第79届奥斯卡最佳服装设计奖。而在室内装饰中，更是将洛可可风格发挥到了极致（图3-13至图3-17）。

图3-13 影片《绝代艳后》剧照

图3-14

图3-15

图3-16

图3-17

在《绝代艳后》中，室内设计也是一种轻松明快的风格。不仅在色彩上，白色和灰色的交融不仅没有那种腻或者沉闷的风格，相反显得更加典雅和美好。而在装饰上，则显得纤巧。家具的装饰则呈现出一种繁复和华丽。如玛丽·安托伊奈特坐的椅子，上面有着繁复的涡旋状花朵纹样，典雅且高贵。在影片中，无论是建筑还是室内的装饰，都是一种轻松和明快典雅的艺术。室内的场景多摆设着美丽的鲜花，鲜花的摆放有着装饰作用的同时，也是一种崇尚自然的追求和体现。在洛可可风格中，鲜花的繁茂美丽与中国瓷器的结合，平添出一分美好来。影片中，玛丽·安托伊奈特站在鲜花摆设的房间中，衣着繁复华丽，粉红色的褶皱与白色的花边几乎融入背景的白色墙壁中。而还有白色的墙壁贴有线条纤细的石膏，布艺饰以甜美的小碎花图案，镀金装饰在浅色调的空间里十分显眼，充满娇艳柔美之感。这些场景，都在展示法国式的优雅和洛可可式的柔美，不仅使观众沉醉于其中，《绝代艳后》的奢华洛可可风格，在实现一场华丽的时尚盛宴的同时，也带领着观众在奢华轻快的洛可可柔美风格中进行了一次游历。

3.1.3 新古典主义

"新古典主义——隔着历史遥远的距离，赋予古典元素新的时代意义"。

新古典并不等同于古典，是隔着历史遥远的距离，把古典元素拿到当代来重新使用，赋予这些元素新的时代意义。新古典风格的精髓在于其摒弃了巴洛克时期过于复杂的机理和装饰，结合洛可可风格元素，向更学院式、更严谨的方向发展。简化了线条，重新流行直线和古典规范。其运用于软装设计上的特点是简单的线条、优雅的姿态、理性的秩序和谐。

（1）家具

百日榻兴起于法国新古典主义时期，是其家具创造的代表，它以营地床形状为造型，带有帐篷一样的床帏，是对当时革命热潮主题的呼应，显示了新古典主义对古希腊古罗马的崇拜与模仿。百日榻因其优雅的造型和慵懒舒适的气息受到贵族的喜爱，成为了卧室或书房的必备家具，并由此演变出许多形式。这种可坐卧两用的榻，适用于比较隐私和轻松的空间，如卧室、书房和起居室等，营造出舒适而又典雅的气氛，适合摆放在室内不靠墙的空间，如落地窗边、床尾等。

（2）装饰品

新古典主义更加偏好那些来自古希腊古罗马的工艺趣味，雕塑和古典样式的花瓶本身既是家居中的一个元素，又是精美的艺术品，既可远观又可把玩。欧洲悠久的艺术历史无论是在样式还是在题材上都为设计师提供了无尽的选择，而在新古典风格中，以造型大气、纹饰节制典雅的艺术品更为适宜。除此之外，精美的工艺玻璃、模仿壁烛台的壁灯、用于展示或者做餐具用的银器都能提升欧式风格的古典倾向。

新古典具备了古典与现代的双重审美效果。几本书，一壶茶，便可慵懒地在沙发里独自消磨午后时光。设计师从细节到整体的微妙处理，为空间带来无限的灵性与贵气：棕色皮革沙发搭上同色系的实木家具彰显出硬朗的气质，为了不让空间显得过于拘谨和庄重，精致的花艺和饰品的注入起到了调节作用，同时，壁炉上方的装饰画为空间带来了一抹轻松愉悦。同色系的色彩搭配有助于体现新古典主义大气稳重的特点，特别是在大空间中，重色的运用能够加强整个空间的量感，再通过陈设品去调节空间的层次感（图3-18至图3-30）。

图3-18 北京中合深美装饰工程设计有限公司供稿 王艳玲 郭小雨

图3-19

图3-20

图3-21

图3-22

图3-23

图3-24

图3-25

图3-26

图3-27

图3-28

图3-29

图3-30

3.2 中式风格

中国人最早是席地而坐，家具尺度根据席地的习惯制订，大多较矮。由于“礼”仪在国家仪式和日常生活中扮有重要的角色，因此生活家具和礼仪家具又很大区别，前者简朴，后者竭尽所能地精美。

明清时期是中国家具发展的顶峰，重结构轻装饰，有着“简、厚、精、雅”的特征，今日大部分家具形式和装饰语言都来源于这个时期。

工艺品除了实用和装饰的作用，还有许多是为了个人的品鉴和把玩，因此中国传统的工艺品多种多样，有字画、匾幅、瓷器、青铜、漆器、织锦、扇子、木雕、民间工艺等，样式更是包罗万象。

中国传统风格在室内软装上的体现可以是朱黔（红黑）二色的色彩元素，可以是动物和神兽的纹饰元素，可以是儒道佛的文化题材，可以是对称严谨的榫卯结构，可以是素雅简朴的明式家具，甚至可以是中国古代的诗词歌赋、琴棋书画（图3-31）。

图3-31

新中式风格是指中国古典陈设在现代背景下的重新演绎——它以功能性的空间划分和家具用途为基础，吸收古典样式的陈设；它不是复古元素的简单堆砌，而是以现代的眼光理解中国传统的一种审美趣味（图3-32）。

图3-32

（1）色彩

中国的建筑和家具以各种木料为主，又因为古典中式着意在室内营造庄重、宁静的感受，因此古朴沉着的暖棕色、黑灰色是最正统的室内设计主色调。当下的设计师得益于更丰富的木色和现代主义的审美观，各种中性色被灵活地运用在设计中。另一个色彩体系是在中国文化传承中形成的观念性色彩，譬如来自皇家的明黄、来自喜庆的大红、来自青花瓷的蓝色、来自水墨的黑色等，它们具有鲜明的可识别性和符号意义，以其承载的中国隐性文化来表达中式的感觉。

（2）家具

借形：以中国传统家具独有的风格形态为出发点，新中式家具最常用的手法就是在尽可能保留原有结构的基础上进行改造。传统家具在质感和颜色的表现方面比较单一，幸而现代工艺给出许多发挥想象力的解决方法：设计师可以给家具喷上喜欢的颜色，使家具能够适合不同空间的色彩要求；可以用金属、布艺和皮料替换传统家具的木材材料，让它们使用起来更舒适或者看起来更酷。

借意：中式家具的发展历程浸润着皇家贵族和文人士大夫对中国儒家精神与禅道的追求，它们处处流露出意洁高雅、无花自芳的气息。特别是明代硬木制作技巧日趋成熟后，中式家具无论木作或者藤编，多以展现原来的质感和颜色为主。

借元素：设计师抽取中国传统装饰符号，通过简化、夸大或抽象化的处理，与现代风格的家具进行融合。

（3）装饰品

新中式风格继承的虽然是传统的语汇，但在摆放方式上更趋向现代主义的自由形式。空间的视觉焦点展示最具中国特色的陈设品，以凸显新中式风格，而陈设品的风格应与整体相吻合，如简约的新中式风格适合素雅的摆件，雕刻繁复的清代家具不妨配上华丽的粉彩瓷器或景泰蓝工艺品。同时，为了让新中式空间多几分活力，可在整体统一的前提下进行小面积的对比，选择具有现代工艺、材质或异国风味的陈设品进行混搭，从而突出新中式风格的“新”。

（4）花艺

江南私家园林的主人想把诗文、绘画里的自然留在身边，因此他们在很小的空间里创造了一种充满“诗情画意”的咫尺山水，其中石艺、盆栽和花草的形式，以及对小空间的灵活运用，常常被借来充当室内软装饰。植物自然的姿态搭配古典样式家具及典雅的瓷器，舒朗之气确实传达出中国“天人合一”的意境。

（5）布艺

新中式风格的布艺主要体现在对中国传统纹样的运用上，几何纹、植物纹、动物纹、人物纹、器物纹和文字纹六大类，中国传统纹样是对具象的表现主题进行抽象化的表达，讲求的是对称与均衡。它们蕴含着吉祥如意的含义，寄托了人们对居室和生活的祝福。另外，靠垫、地毯和窗帘等必须在颜色和图案方面呼应主体风格，才能展现出和谐的效果，通常丝质和刺绣的布艺更受到青睐，因为它们能很好地体现出新中式风格的典雅。

山东高速雪野湖项目的别墅样板房S1户型，户型面积254㎡。软装定位为新古典中式风格，中西结合的混搭，适合现代生活需求的同时，向传统美学致敬。陈设主色调汲取绘画、书法、瓷器、诗歌等具有东方意味的形象、意象，从中提炼出元素作为设计的表达，在弘扬中华深厚文化底蕴的同时，颠覆传统，注入新的元素，温馨优雅的空间中透露出中式的禅意和朴实。视觉上则是另一种享受，达到“寥寥人境外，闲坐听春禽”的境界（图3-33至图3-42）。

图3-33　北京中合深美装饰工程设计有限公司供稿　张杰

图3-34

图3-35

图3-36

图3-37

图3-38

图3-39

图3-40

图3-41

图3-42

3.3 现代风格

3.3.1 现代简约风格

早在19世纪90年代，少数人已经厌烦了无止无休的古典主义装饰，要求一些简单点的装饰，或隐约觉得直线也是一种不错的形式，直到俄国构成主义、荷兰风格派和德国包豪斯学院把这种设计的目的确定下来，现代主义诞生了。20世纪60年代的西方弥漫着一股玩世不恭的气氛，波普那些快速消费的图像和色彩刺激设计师的审美观，特别是意大利的设计师创造了许多多彩的、可以灵活组合的家具，从此以后灵活和欢乐便开始融入现代设计之中。20世纪七八十年代，现代主义发生了许多看似荒诞其实有益的变化，一方面对科技的信心使室内设计中的机器文化得以强化，冷静的线条和金属的灰色带来工业美感，连伊姆斯这样的有机主义者都把自己的家设计得像一个办公室。从20世纪90年代到现在，后现代主义因为昂贵的造价和无法持久的形式而没有壮大，许多设计师回归到今天的现代主义风格，但是其意义是非凡的，人们再也不愿意用单一的眼光去看待现代主义，前人的探索给我们留下了一堆多元化的设计语汇。

（1）色彩

现代风格对色彩的包容性在各种风格中是最大的，尽管人们常用的是黑、白、灰色系和木色系，但在北欧风格和后现代主义的影响下，色彩丰富的现代风格也开始出现了。不过现代风格的用色有自己的规划，一般来说，室内不会超过2～3个主色调，复杂的花纹或者颜色必须控制在很小的范围内。极简主义则严格地运用极少的颜色，一般是白色、米黄和灰色，在此基础上加上一到两个大胆的颜色作为点缀。至于“白色派”，就像它的名字一样，基本什么都是白色的。

（2）家具

现代风格特别强调对空间、特别是负空间的欣赏，因此家具的摆放除了遵从功能和动线的需要，也要注意从视觉上分割出美的形状。在建筑主体玻璃、钢材和混凝土的映衬下，几何结构、线条清晰的家具成为室内的主角，它们必须线条优美考究，也因为造型的简单，设计师就不得不反复推敲什么形状的家具最适合当下的空间，在没有那么多装饰的室内，一件家具往往决定了装饰的成败，特别是用很少的家具和装饰品的极简风格。另外，现代家具由于基于同样理念的、简单的形式具有很大的兼容性，在这样的形势下，镀铬钢管、藤、皮革、塑料、玻璃等材料赋予现代风格家具丰富的表情，整面墙的固定柜子因为能够融入到背景中而受到欢迎，不过其他类型的橱柜除了用以收纳，其简约的线条和体量感，还提供一种类似建筑的审美感官。体量小、重量轻的家具可以随意移动，比过去更多地运用在室内，为生活提供方便。

（3）装饰品

有些装饰品造型简练且朴素大方，它们的灵感来源于各种现代抽象艺术；有一些形态灵活自由，具有曲线的律动美，体现出有机的造型感。陶瓷的色彩越发纯粹，玻璃器皿越发强调有机形态，塑料成为这个队伍最强大的材料，通过这种材料设计师能随心所欲地塑造装饰品的形状和色彩。现代风格有时候容易显得单调，我们可以尝试在白墙上添加多彩的、充满活力的绘画或摄影，以及采用颜色明亮的沙发和椅子去取悦视觉，其他的色彩点缀有抱枕、地毯、装饰品，都能有效增加室内的趣味。平整的墙面可以使用大幅的画作，也可以抵抗那些画的诱惑，以精挑细选的装饰品取而代之。

（4）布艺

现代风格织物多为天然纤维、亚麻、纯棉、羊毛材料，这符合今天人们想把自然元素和简洁结合起来的愿望。没有各种绣花或花哨的花纹，而是单纯的色彩或抽象的图案，如果想强调质感，也只要采用一到两种即可，并通过面积的大小进行对比。地毯能帮助划分空间，增加室内温暖的感觉，另外可以增加一些织物来缓和现代风格带来的冷漠感，人造皮草抱枕、天鹅绒、丝质的褶皱窗帘能和其他质感形成有趣的对比。

现代风格的功能空间划分不再像以前那么严格，房间可以根据主人生活的习惯和要求进行改造。通常客厅和餐厅之间是互通的，开放式的厨房因为可以一边做饭一边和家人沟通而受到欢迎，娱乐室和书房受到结构和面积的制约，便经常以各种形态出现在各个角落，依靠设计师的智慧提高面积的利用率，因此现代风格喜欢让家具承担起隔断功能，家具的摆放要迎合主人的生活习惯和运动的需求，也更趋向自由（图3-43至图3-46）。

图3-43

图3-44

图3-45

图3-46

3.3.2 后现代风格

后现代主义一词最早出现在西班牙作家德·奥尼斯1934年的《西班牙与西班牙语类诗选》一书中，用来描述现代主义内部发生的逆动，特别有一种现代主义纯理性的逆反心理，即为后现代风格。后现代风格强调建筑及室内装潢应具有历史的延续性，但又不拘泥于传统的逻辑思维方式，探索创新造型手法，讲究人情味。常在室内设置夸张、变形的柱式和断裂的拱券，或把古典构件的抽象形式以新的手法组合在一起，即采用非传统的混合、叠加、错位、裂变等手法和象征、隐喻等手段，以期创造一种融感性与理性、集传统与现代、糅大众与行家于一体的即"亦此亦彼"的建筑形象与室内环境。

后现代主义是一种在形式上对现代主义进行修正的设计思潮与理念。后现代主义室内设计理念完全抛弃了现代主义的严肃与简朴，往往具有一种历史隐喻性，充满大量的装饰细节，刻意制造出一种含混不清、令人迷惑的情绪，强调与空间的联系，使用非传统的色彩，它所具有的矛盾性常使人产生厌倦，而这种厌倦正是后现代主义对过去50年的现代主义的典型心态。

设计理念：

①强调形态的隐喻、符号和文化、历史的装饰主义。后现代主义室内设计运用了众多隐喻性的视觉符号在作品中，强调了历史性和文化性，肯定了装饰对于视觉的象征作用，装饰又重新回到室内设计中，装饰意识和手法有了新的拓展，光、影和建筑构件构成的通透空间，成了大装饰的重要手段。后现代设计运动的装饰性为多种风格的融合提供了一个多样化的环境，使不同的风貌并存，以这种共享关系贴近居住者的意义和习惯。

②主张新旧融合、兼容并蓄的折中主义立场。后现代主义设计并不是简单地恢复历史风格，而是把眼光投向被现代主义运动摒弃的广阔的历史建筑中，承认历史的延续性，有目的、有意识地挑选古典建筑中具有代表性的、有意义的东西，对历史风格采取混合、拼接、分离、简化、变形、解构，综合等方法，运用新材料、新的施工方式和结构构造方法来创造，从而形成一种新的形式语言与设计理念。

装饰几乎是后现代设计的一个最为典型的特征，这是后现代主义反对现代主义、国际风格的最有力的武器，主张采用装饰手法来达到视觉上的丰富，提倡满足心理需求而不仅仅是单调的功能主义中心。并且，后现代主义者认为，设计并不只是解决功能问题，还应该考虑到人的情感问题。另外，后现代主义设计的通俗化特征轻松愉快带入日常生活，强调人们生活在“现在”，后现代设计也自然而然地表现出物质的特征。后现代设计将人们从简单、机械的枯燥生活中解救出来，重新回到真实的生活中，使人这一概念变得更加感性和人性化（图3-47至图3-51）。

图3-47 图片来源于室内设计联盟

图3-48

图3-49

图3-50

图3-51

学生设计的软装设计作品（图3-52至3-60）。

图3-52 黄玉兰

图3-53 康雅

图3-54 田娟

图3-55 程子晏

图3-56 田娟

图3-57 吕琰

图3-58 李均海

图3-59 刘玲丽

图3-60 黄玉兰

室内软装方案设计

技能实训

实训任务：

为学院综合楼电梯出口区域做陈设设计及布置。

实训内容：

规划区域为综合楼电梯出口南侧等候区域2—10楼，共9层，每层约2㎡。

实训要求：

按指定规划区域进行陈设方案设计及陈设布置施工，设计属原创，主题要明确，方案简洁环保，制作简单，陈设手法创新有艺术性。

P77~86

4.1 方案设计阶段

设计的过程和秩序通常包括设计对象的信息收集、设计分析、设计展开、设计实施到信息反馈，最后再做设计调整和完善。一般情况下完整的设计项目通常分为三个阶段：一是设计的准备阶段即方案设计阶段，这个阶段包括项目的接洽、设计概念的提出，设计师在此要进行相关信息的调查、分析和综合；二是在确定项目设计的基础上开展设计阶段即方案制作阶段，完成项目方案的设计表现和相关陈设品的收集及报价；三是设计的实施和施工阶段即方案的表现阶段，根据方案效果图做陈设物品的采购和现场陈设工作。

室内空间的生命力就在于人的存在和人的生活行为，对室内陈设的勘察是设计师和室内空间的一次对话：室内的空间大小、结构细节、建筑材料、日照气候等都是设计师要用心揣摩的。

4.1.1 设计构思

设计项目得到承接和确定以后，就可以开始方案设计工作。设计构思包括现场考察和设计概念的提出两个部分。首先通过现场考察明确空间的性质，针对空间的功能和特点以及甲方的需求进行理论分析，然后对现场进行尺寸测量，拍照记录，为下一步设计作准备。其次设计师通过对现场的考察以及对相关资料的分析，思考设计方案的可行性，进行设计构思。

4.1.2 市场调查

如果项目成型，那么可以直接根据硬装现场进行设计构思；如果项目还未进入硬装环节，则根据硬装设计图纸进行软装设计构思。无论哪一种情况，都是基于在对项目有一定了解的基础上开始，在设计师进行设计构思的阶段，首先需要给出设计风格的定位，根据设计风格的需要，进行市场的调研活动和资料的收集工作。

4.1.3 设计整理

将项目考察过程中所记录的空间现场和设计理念部分做资料整理，将设计构思和设计风格的定位进行文字分析和整理，将市场调研中的各种资料收集做素材储备，针对前期的设计阶段做完整的梳理和整合工作。

4.2 方案制作阶段

设计概念最终确定以后，设计方案就要以效果图的形式提出。在确认相应的设计风格后，根据空间类型、空间性质、设计对空间的整体构思挑选相应的素材向客户汇报、交流。这要求我们有大量的实物图片素材库，这样反映物品的真实效果可让甲方辨识相应的内容，以至于更直观和便捷地感受设计师的设计构思和意图。同时，设计师还需要随图附上陈设物品的报价清单，介绍相关物品的性质、功能、品牌、质地、价格等参数。此外，设计师还应在设计团队拟一份工作进度时间表，以便于设计工作的顺利开展和如期进行。

4.2.1 陈设设计效果图

陈设设计效果图由项目图表现空间结构作为主图展开，周围加以参考图片资料排版成图版为说明，并在细节处配合相应的文字解释来制作。

项目图可由手绘方式（图4-1）、CAD二维绘图（图4-2）、现场图片拍摄（图4-3）来表现。

图4-1

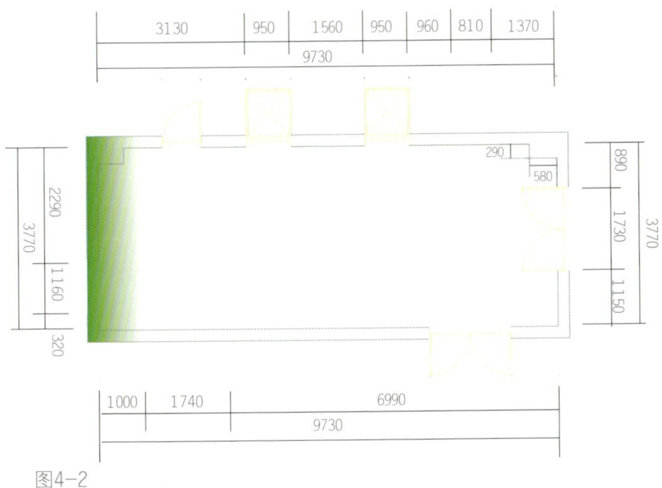

图4-2

图4-3

效果图可由手绘表现技法（图4-4）展示和软件制图方式（图4-5）呈现。

图4-4

图4-5

4.2.2 设计预算的制作

为了采购工作顺利进行，根据项目所需陈设物品做详细的预算清单，分别按照空间、位置、物品名称、数量、颜色、质地等方面填写，便于物品的选择和造价的控制（表4-1）。

表4-1 陈设品材料汇总表

<table>
<tr><td>项目名称</td><td colspan="5"></td></tr>
<tr><td>空间区域</td><td colspan="5"></td></tr>
<tr><td>设计总监</td><td colspan="2"></td><td>开始日期</td><td colspan="2"></td></tr>
<tr><td>设计小组</td><td colspan="2"></td><td>完成时间</td><td colspan="2"></td></tr>
<tr><td>类型</td><td colspan="5">选样</td></tr>
<tr><td rowspan="5">客厅</td><td rowspan="5">沙发</td><td>名称：</td><td rowspan="5">客厅</td><td rowspan="5">电视柜</td><td>名称：</td></tr>
<tr><td>厂家：</td><td>厂家：</td></tr>
<tr><td>价格：</td><td>价格：</td></tr>
<tr><td>规格：</td><td>规格：</td></tr>
<tr><td>使用位置：</td><td>使用位置：</td></tr>
<tr><td rowspan="5">客厅</td><td rowspan="5">背景墙</td><td>名称：</td><td rowspan="5">餐厅</td><td rowspan="5">餐桌椅</td><td>名称：</td></tr>
<tr><td>厂家：</td><td>厂家：</td></tr>
<tr><td>价格：</td><td>价格：</td></tr>
<tr><td>规格：</td><td>规格：</td></tr>
<tr><td>使用位置：</td><td>使用位置：</td></tr>
<tr><td rowspan="5">餐厅</td><td rowspan="5">酒柜</td><td>名称：</td><td rowspan="5">餐厅</td><td rowspan="5">桌布</td><td>名称：</td></tr>
<tr><td>厂家：</td><td>厂家：</td></tr>
<tr><td>价格：</td><td>价格：</td></tr>
<tr><td>规格：</td><td>规格：</td></tr>
<tr><td>使用位置：</td><td>使用位置：</td></tr>
</table>

4.2.3 工作进度时间表

为了确保项目如期完成交付，设计师根据项目时间做工作计划和安排部署（表4-2）。

表4-2 陈设设计工作进度计划表

序 号	项 目	主要内容	完成时间	完成情况	负责人	备 注
1						
2						
3						
4						
5						
6						
7						
8						
9						
10						

4.3 方案表现阶段

4.3.1 陈设物品的采购

通常情况下设计方案经过甲方认可，并支付前期费用的情况下，可进行陈设物品的选样。根据合同清单所需内容，完成陈设物品的购买。物品的购置多分为三类：一类是设计师列出商品名称和型号，由甲方的采购部门依照单据去订购，这种方式适用于购买大件的品牌家具；另一类是设计师和甲方的工作人员共同选购物品，确定好款式、色彩后，甲方的工作人员谈判价格等后期服务问题；最后一类是甲方将所需款项拨划到设计师所在公司，由设计师订购，此类商品一般是在空间中比较重要的艺术品等。无论哪种形式，都需要设计师对物品的挑选，最终来确定陈设品的样式、色彩、质地。

4.3.2 陈设设计的施工

实施工作之前，设计师及相关工作人员需要将陈设品的购买清单整理出来，与到货的陈设品做清点核对相关事宜，以便在方案实施完毕后，向甲方移交货品，同时也方便按照前期工作表的内容将物品进行分类放置。在所有的物品确认到位后，将陈设物品根据设计效果图的表现方式进行现场布置和陈设操作。施工过程中尽量减少材料的浪费、避免项目场地的损坏，力求文明施工、生态环保。

4.3.3 现场的调整和完善

由于陈设设计方案的多样性，每个人的审美情趣也有不同，很多时候有可能在整个方案实施完毕后，甲方会提出修改的意见和要求。或者是在装修过程中某些方案的调整影响陈设品的最终效果，这些情况都需要重新考虑，再对现场设计做进一步的调整和完善工作。

学生设计表现的室内软装实践，对学院综合楼1-10楼电梯出口区域陈设设计及布置（图4-6至图4-13）。

图4-6 设计制作：张泽 胡星光 尚劲松 望倩芳 指导：陈静

图4-7 设计制作：江坤坤 王海涛 陈绍 陈洁友 指导：张莹

图4-8　设计制作：李斌 佘益　指导：陈静

图4-9　设计制作：孟大杰 刘凡 敖小青 李燕红　指导：江坤

图4-10　设计制作：陈文霞 杜成薇 江根根 丁权　指导：严政

图4-11 设计制作：吴玉珂 刘钦 陈道春 余汉林 郑尧 指导：陈静

图4-12 设计制作：陈湾 邱淦 姚康 卢尚杰 刘霞 指导：张勇敢

图4-13 设计制作：钟忠 杨炳停 李刚 李驰 指导：陈静

优秀软装设计案例赏析

5.1 学生作品

本方案来自于2014年毕业于湖北生态工程职业技术学院室内设计专业，现就职于湖北二十七度装饰工程有限公司的李伟。

5.1.1 美式乡村风格软装配饰设计方案

（1）色彩定位

色彩定位解析：

背景色：白色

主体色：淡黄色、棕色

点缀色：湖蓝

色彩组合含义：自然、简朴、高雅。

配饰格调定位：本案色彩的整体色调为浅暖色（图5-1）。

白色									

图5-1

（2）风格定位

美式乡村风格元素特征分析（图5-2）。

顶面：层次感丰富

墙面：采用半高护墙板

地面：仿古地砖

造型：多采用“拱”的形式

纹样：木质纹理、石材排列

材质：棉麻窗帘布艺、实木家具、仿古石材

家具：仿古、美式家具

具体设计图（图5-3至图5-16）。

图5-2

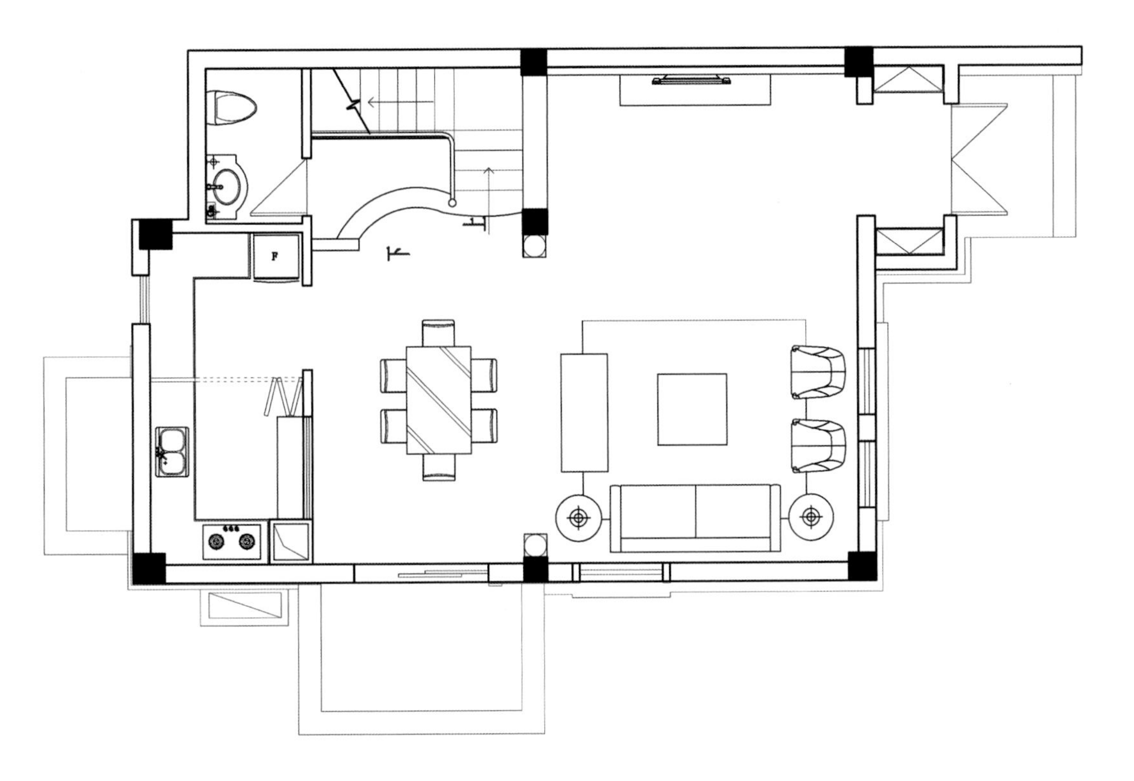

图5-3 一层平面布置方案

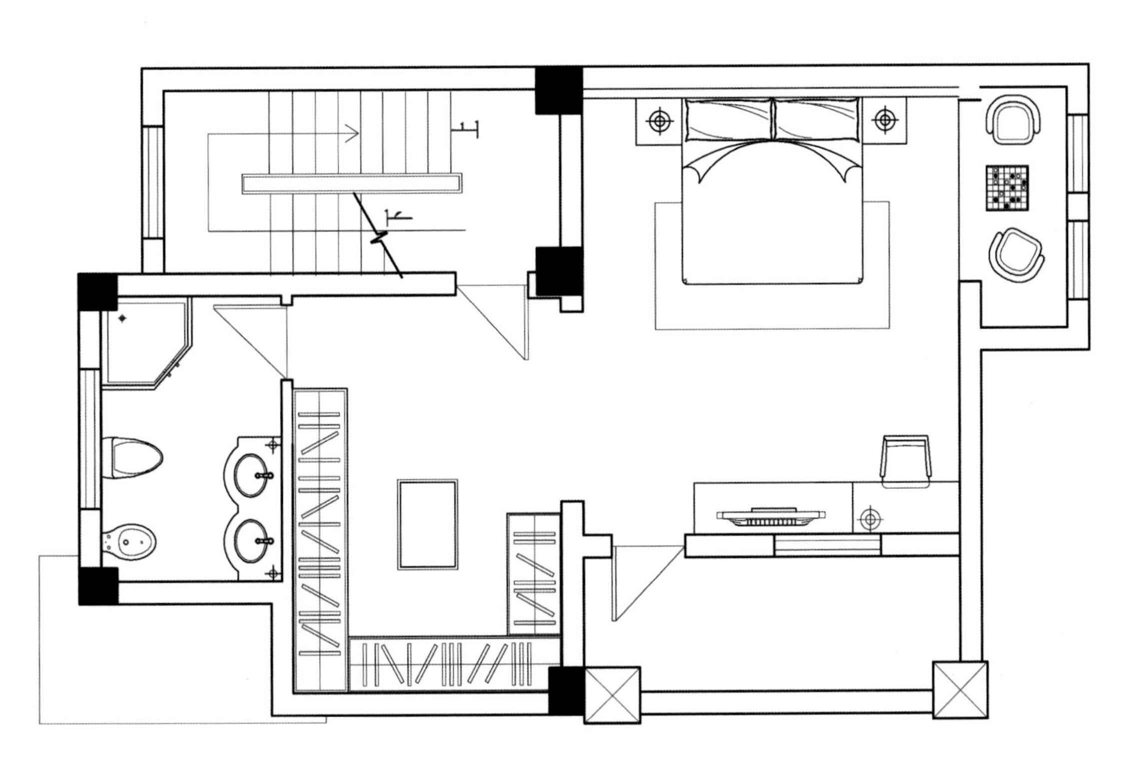

图5-4 二层平面布置方案

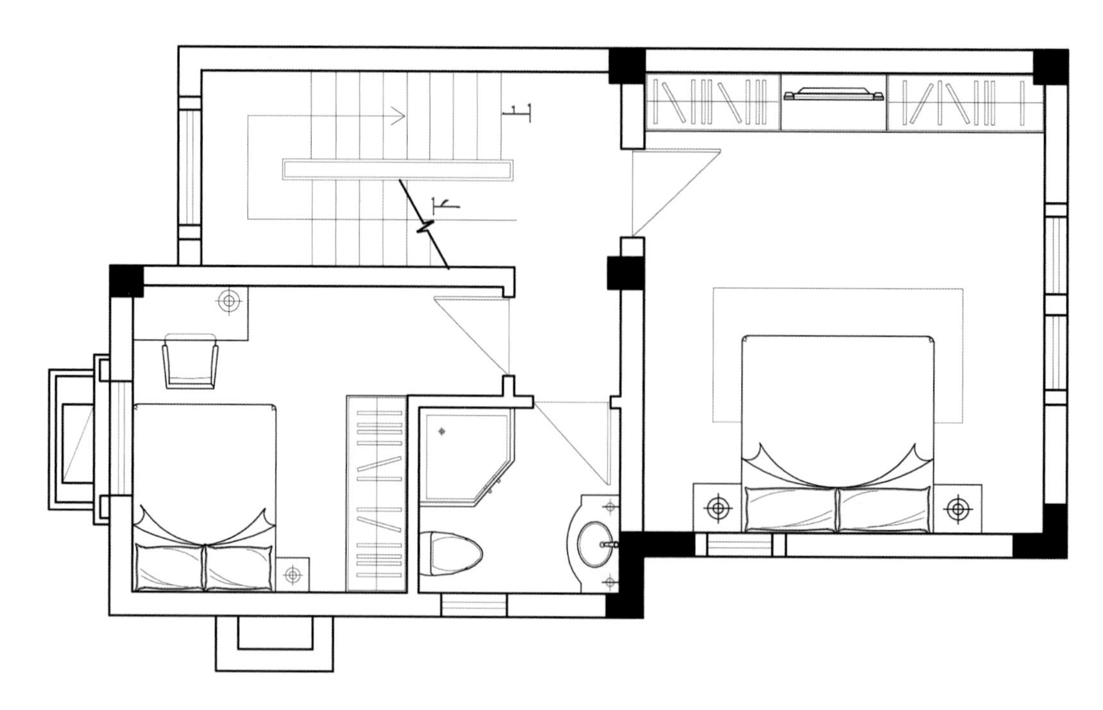

图5-5　三层平面布置方案

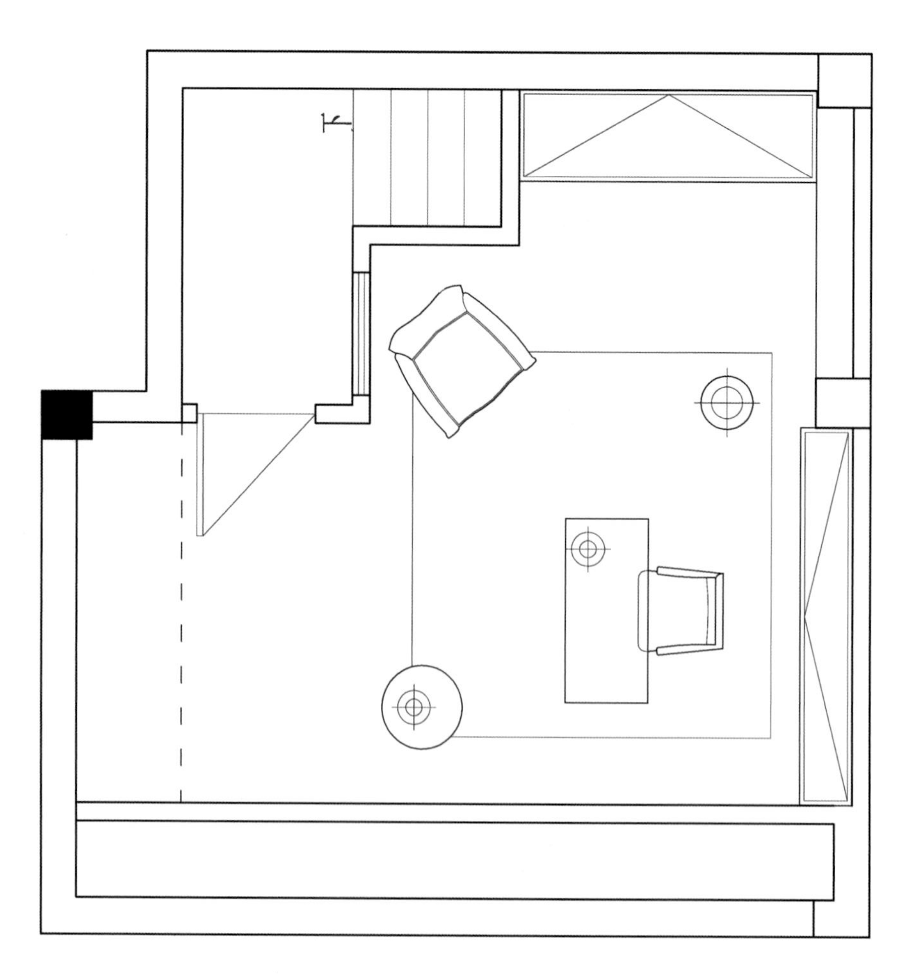

图5-6　阁楼平面布置方案

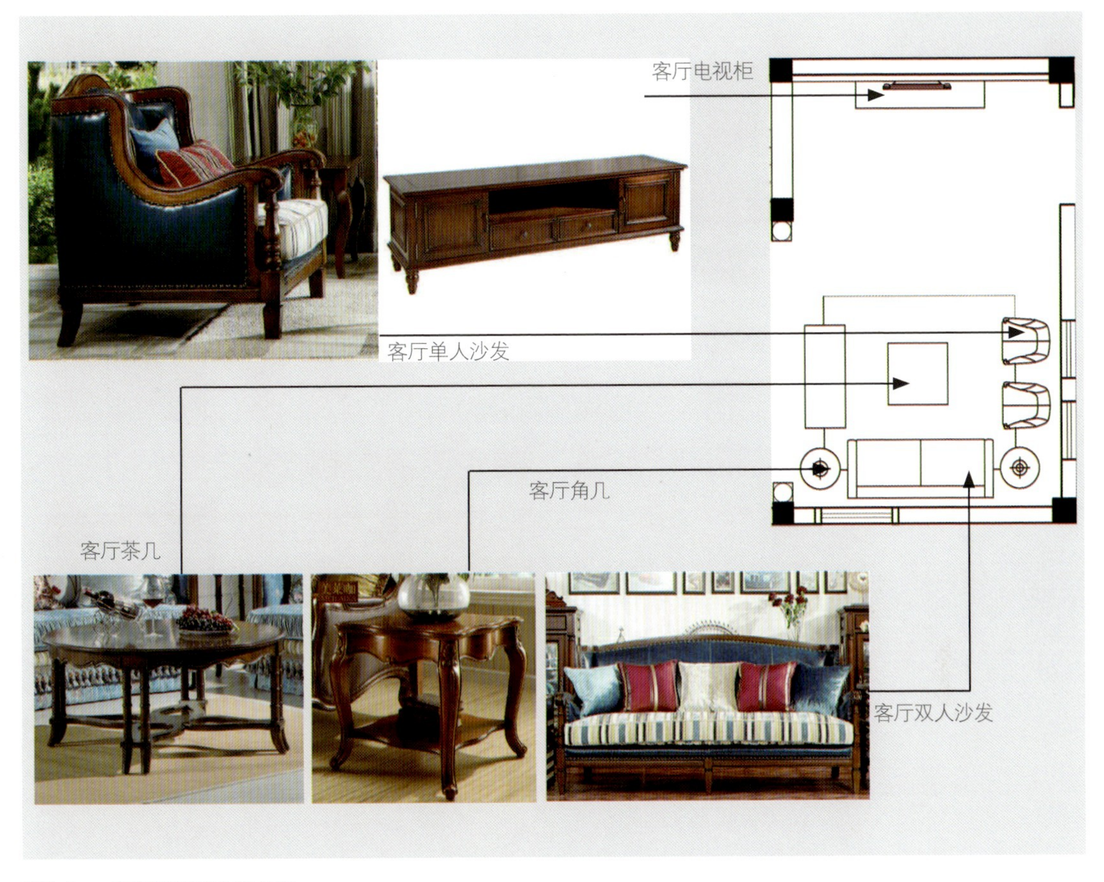

图5-7　一层客厅家具布置方案

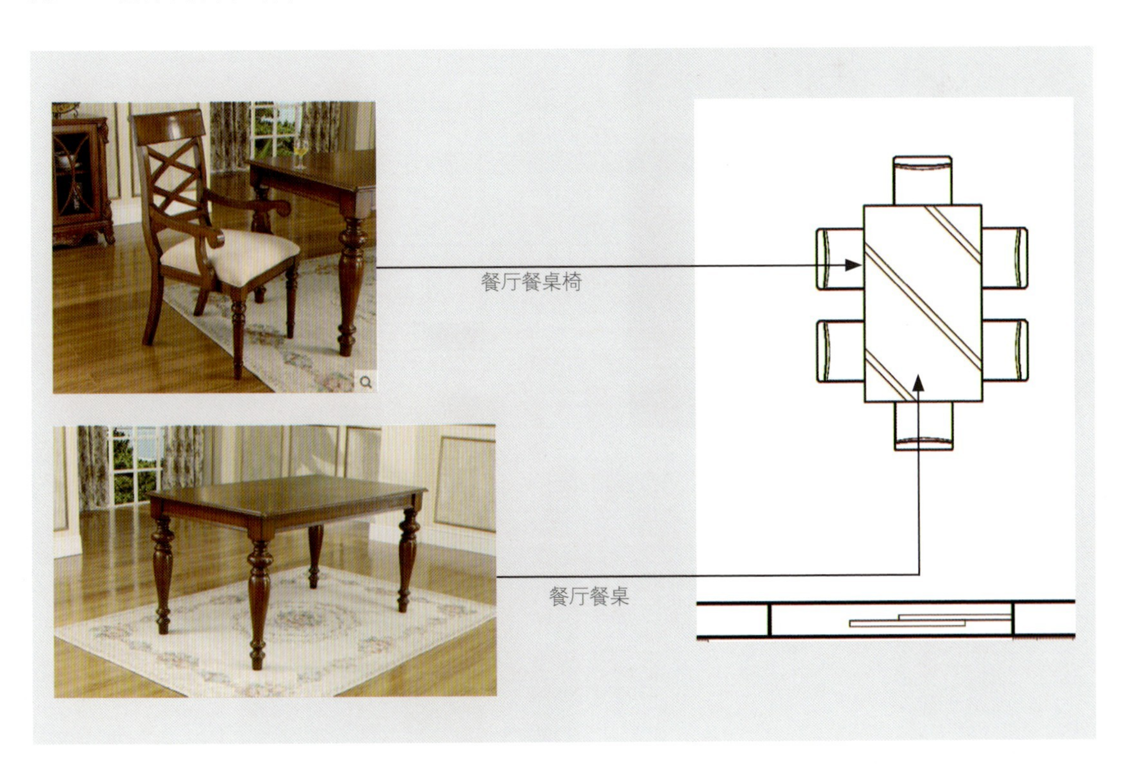

图5-8　一层餐厅家具布置方案

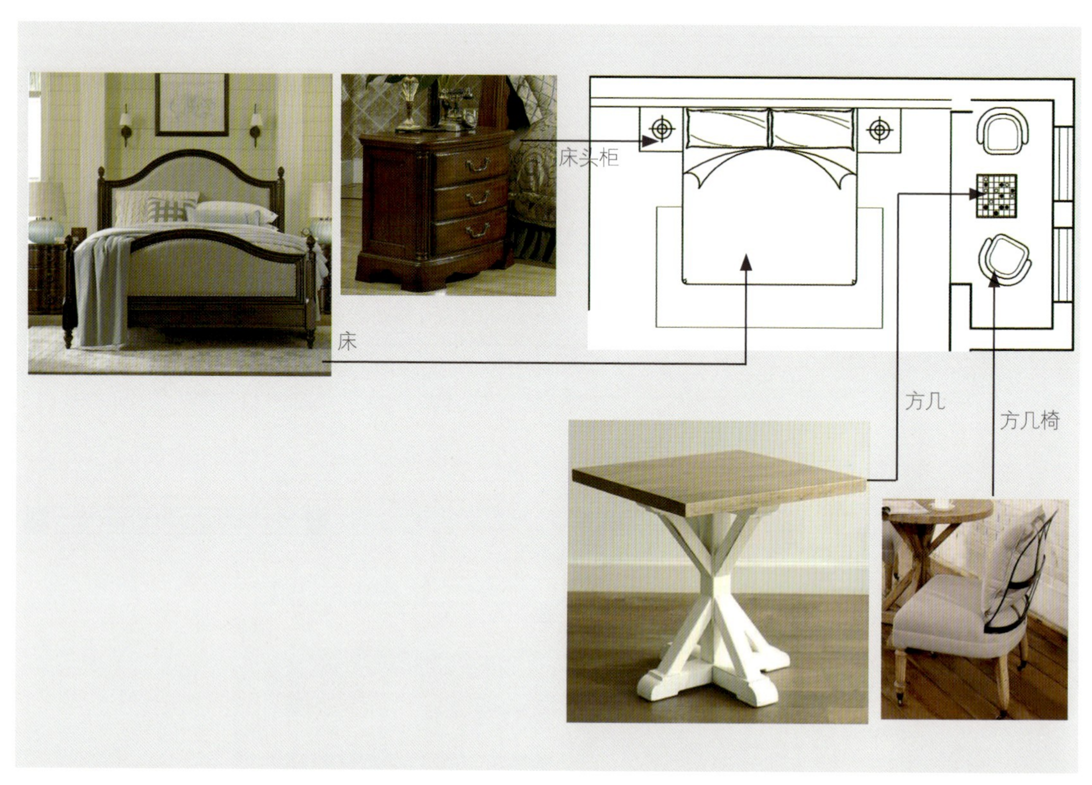

图5-9　二层卧室家具布置方案

图5-10　三层卧室家具布置方案

图5-11　阁楼书房家具布置方案

图5-12　家具明细表一

阁楼书房休闲椅

一层客厅单人沙发

一层客厅角几

阁楼书房书桌

一层客厅双人沙发

阁楼书房书桌椅

二层卧室方几

二层卧室方几椅

图5-13　家具明细表二

一层客厅窗帘

三层卧室窗帘

二层卧室窗帘

图5-14　布艺窗帘明细

图5-15　布艺床品明细

5-16　灯饰明细表

5.1.2 新中式风格软装配饰设计方案

（1）生活方式定位

业主喜欢茶道、香道、书法等，这表明了他对中国传统文化的喜爱，同时也有很深的了解，而新中式风格表现的是传统中式元素与现代材质的完美结合、相互辉映，是对清雅含蓄、端庄丰华的东方式精神境界的追求。

由于业主一家所追求的是一种宁静而又舒适的生活方式，因此更需要一种可以放松心情，能够体现文化性和优雅气质的居住空间（图5-17、图5-18）。

图5-17

图5-18

（2）色彩定位

色彩定位解析：

背景色：高级灰

主体色：深棕色

点缀色：绿、蓝、黄色

色彩组合含义：清雅含蓄、端庄丰华。

配饰格调定位：本案色彩的整体色调为深棕暖色。

高级灰与新中式家具结合在一起产生的视觉冲击力非常丰富，而柠檬黄的点缀有种意犹未尽之感，加上维多利亚蓝色的提升，瞬间达到新的高度。

格调高雅，造型简朴优美，新中式品位不俗（图5-19）。

图5-19

（3）风格定位

新中式风格元素特征分析（图5-20）。

顶面：造型简朴

墙面：多用留白

地面：采用仿古瓷砖
造型：多采用简洁硬朗的直线条
纹样：回字形
材质：棉麻窗帘布艺、实木家具
家具：线条简练的明式家具为主
具体设计图（图5-21至5-28）。

图5-20

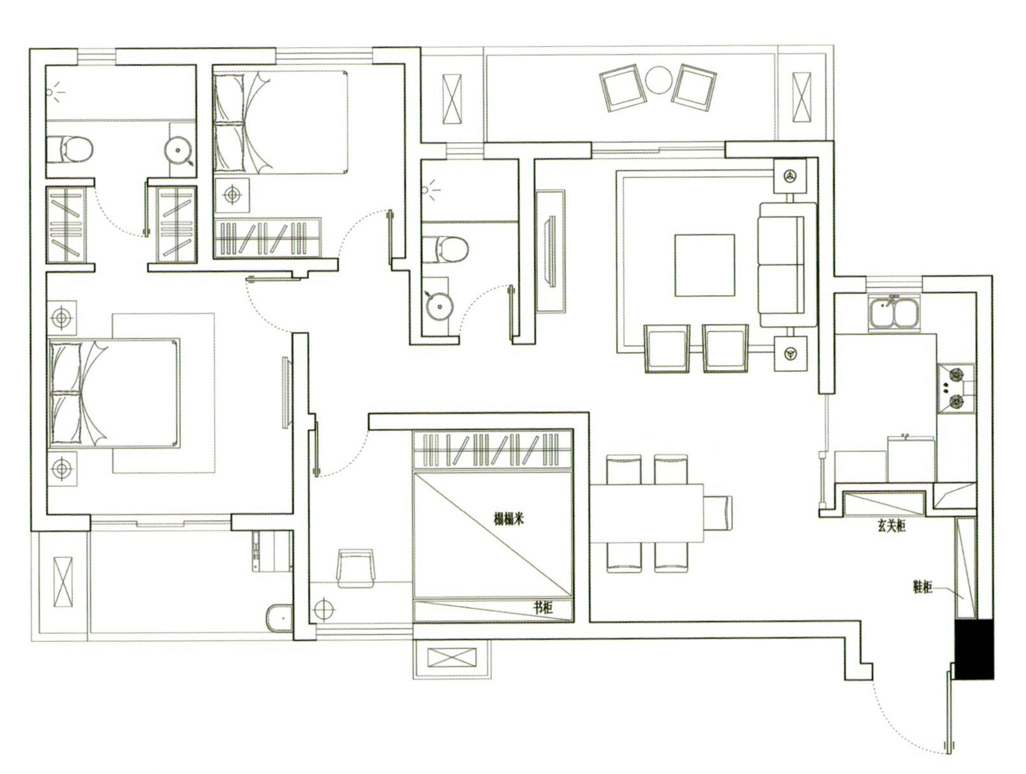

图5-21　平面布置图

图5-22　客厅空间组合效果图

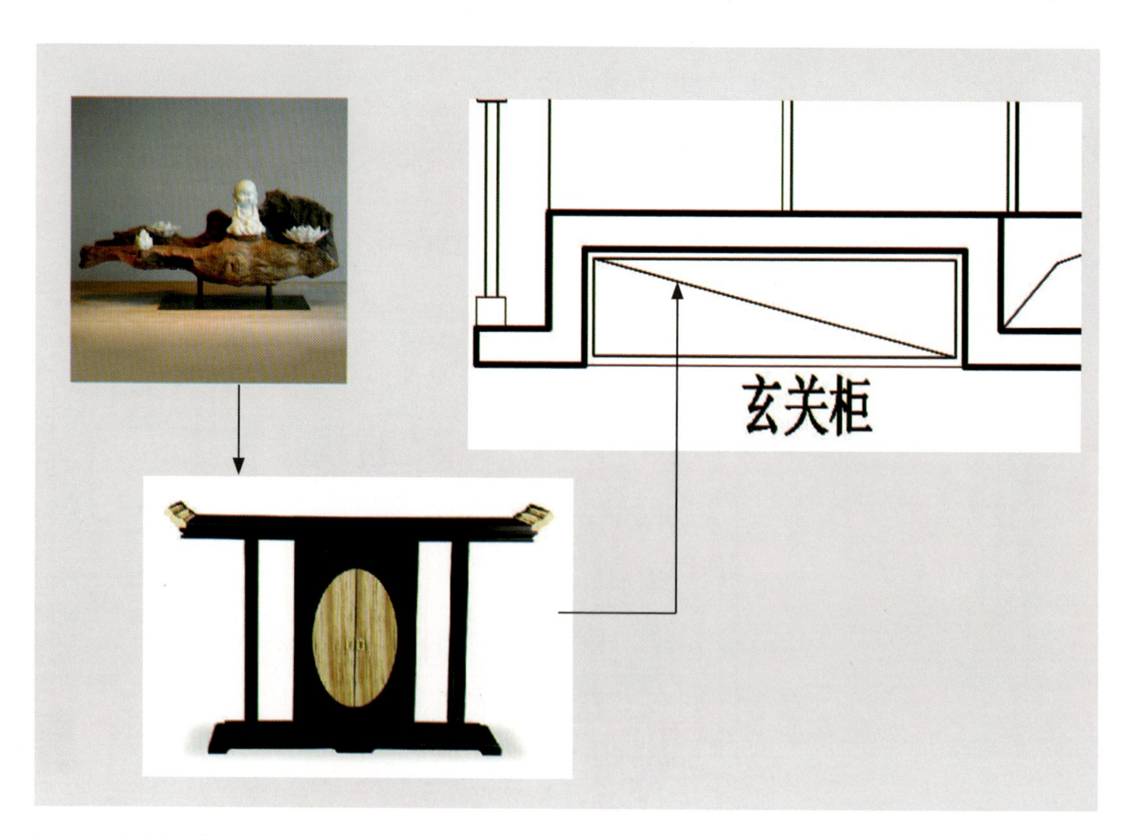

图5-23　玄关家具布置方案

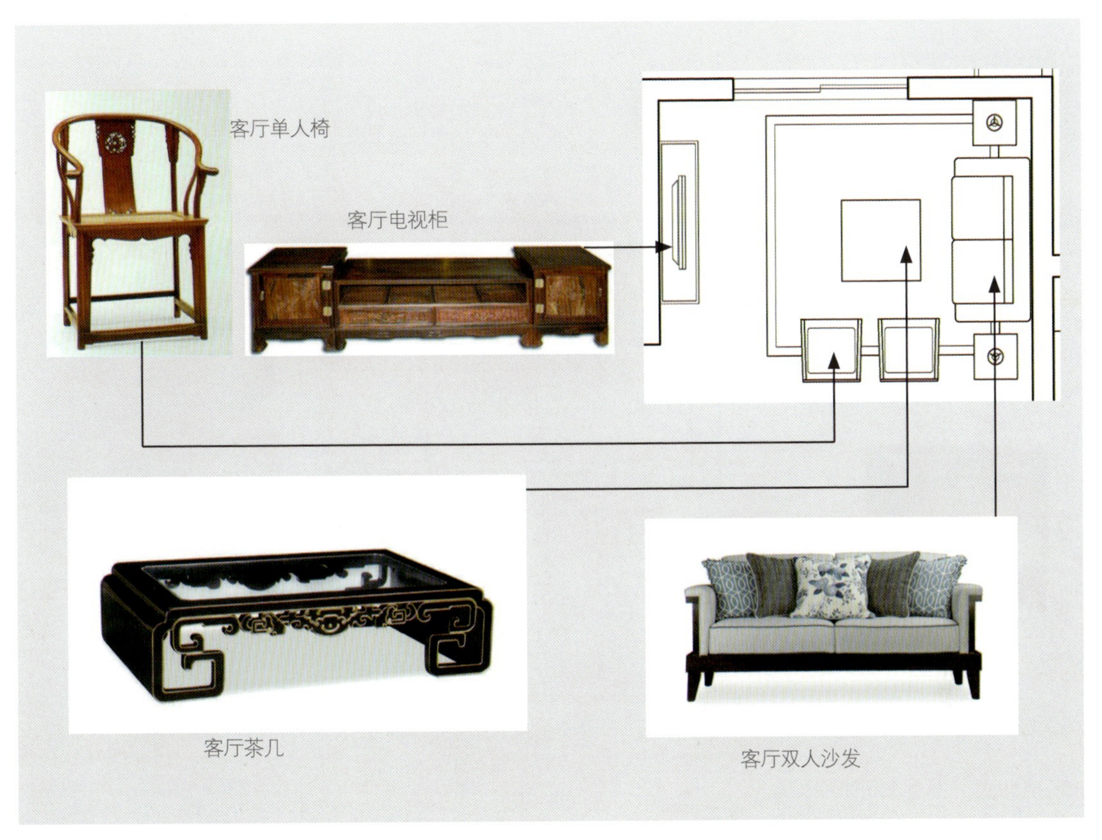

图5-24 客厅家具布置方案

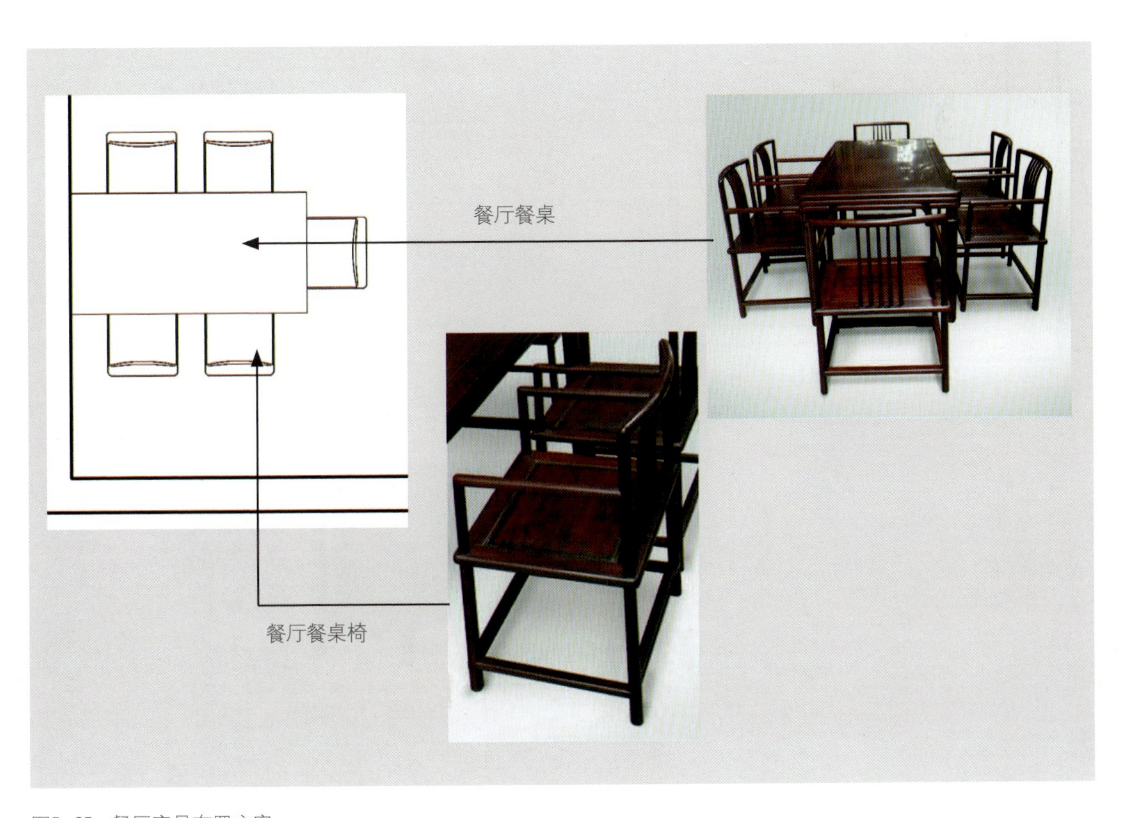

图5-25 餐厅家具布置方案

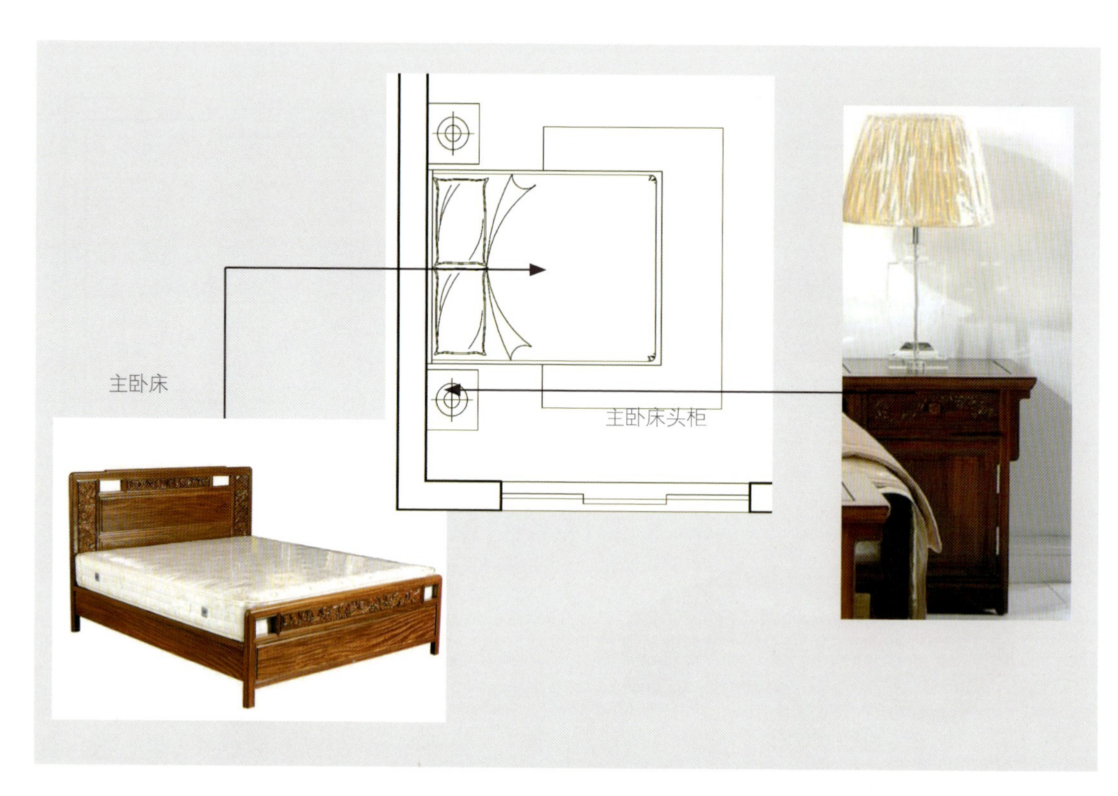

图5-26　主卧家具布置方案

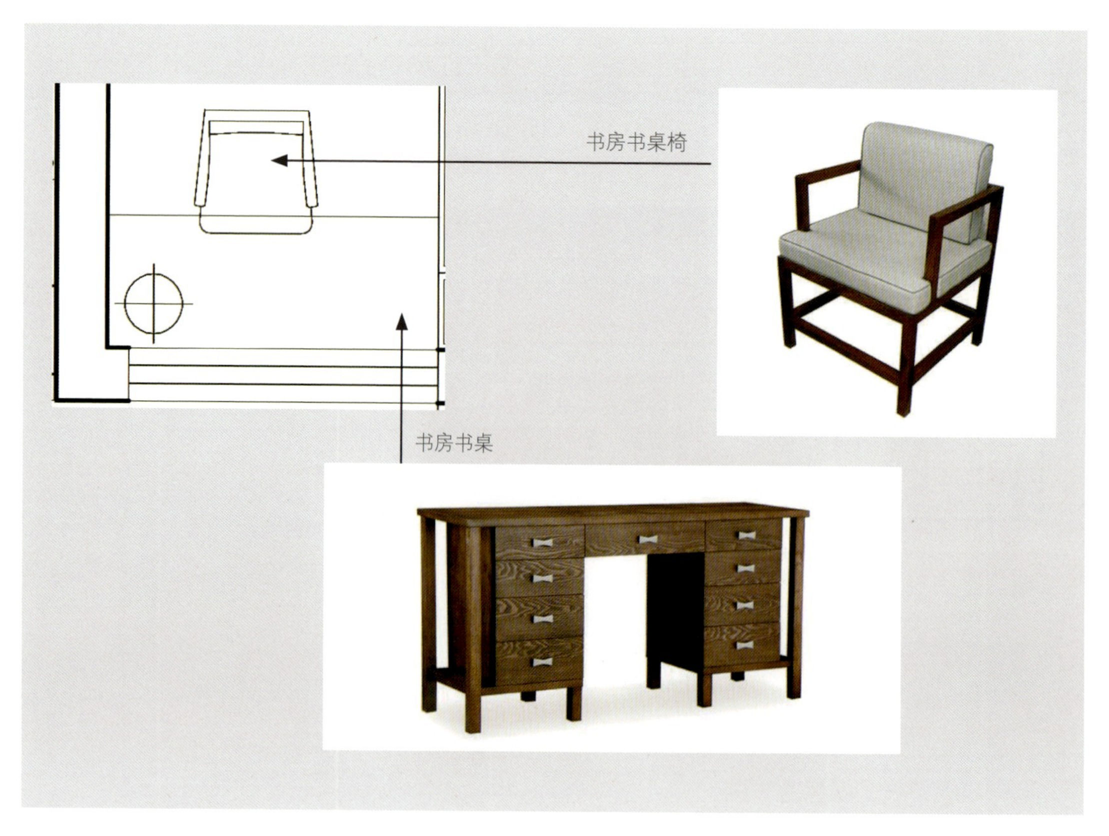

图5-27　书房家具布置方案

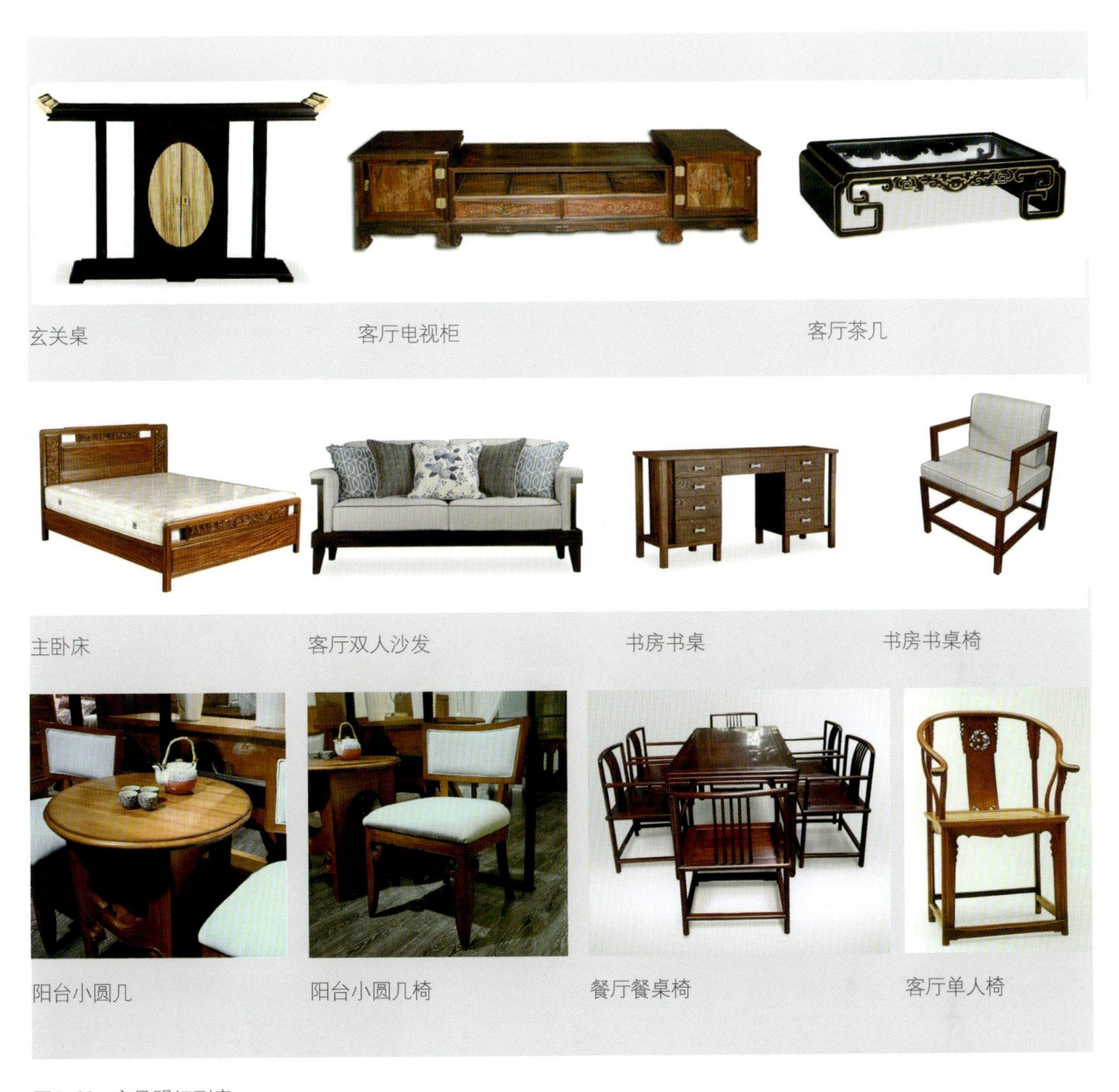

图5-28　家具明细列表

（4）布艺方案说明

材质:设计风格强调材质的选择，以纱、棉麻等素材呈现出简朴自然（图5-29）。

图案:浮雕提花刺绣、回字形纹样，结合少量花卉图案，体味简洁的质感，同时体现出优雅、端庄。

图5-29

（5）灯饰明细表

灯饰运用（图5-30）。

客厅顶灯

餐厅吊灯

书房顶灯

次卧顶灯

主卧顶灯

餐厅壁灯

餐厅壁灯

主卧床头灯

客厅台灯

图5-30

（6）饰品明细表

饰品运用（图5-31至5-34）。

玄关装饰品

玄关装饰品

书房装饰品

客厅装饰品

图5-31　饰品明细

餐厅装饰画

客厅装饰画

主卧装饰画

书房装饰画

图5-32　画品明细表

客厅装饰花品

书房装饰花品

餐厅装饰花品

阳台装饰花品

图5-33　花品明细

客厅茶具

书房笔筒

客厅烟灰缸

书房靠枕

图5-34 日用品明细表

5.2

企业案例

5.2.1 中合深美

北京中合深美装饰工程有限公司总部位于北京，主要为客户提供样板房、售楼处、会所、私人别墅项目的室内设计、装饰工程、软装设计和定制服务。

设计理念：“实用设计、美学设计”，从不夸夸其谈“风格”和“概念”，根据客户的需求提供量身定制服务，以求为客户达到实用和美学的结合。通过与客户细致、紧密的沟通，呈现出更多丰富的细节；严谨的供应商品质管体系和成本管控，可以实现品质与预算的有效结合。“丰富的现场经验、创新、新技术的使用、正直和真诚的商业准则”，将秉承这些原则为客户创造一个奢华和精致相结合的完美空间，传递出难以复制的居住体验（图5-35至5-60）。

项目名称：山东雪野湖桃花源什锦园法式C1户型

项目地址：山东省莱芜市雪野湖旅游度假区环湖东路

设计时间：2014.05

完工时间：2014.08

设计：张杰

项目介绍:本设计是山东高速雪野湖项目的别墅样板房C1户型，户型面积248㎡。软装定位为法式风格。法式风格弥漫着复古、奢华、自然主义的情调。巴黎的浪漫,贵在生机盎然的生命气息，这种“贵”散发着人文和古典气息，舒适、优雅，安逸是它的内在气质贵族风格，高贵典雅。巴洛克式的木质雕花，白色的卷草纹窗帘、璀璨的水晶吊灯、饱满的花艺搭配，形成浪漫清新的法式空间。

图5-35 山东莱芜绿城桃花源法式

图5-36

图5-37

图5-38

图5-39

图5-40

图5-41

图5-42

图5-43

图5-44

图5-45

图5-46

图5-47

图5-48

项目名称：唐城.壹零壹 E-11栋户型别墅室内软装陈设

项目地址：唐山市路北区友谊路与长虹道交叉口

设计时间：2013.05.20

完工时间：2013.08.15

设计：郭小雨　王艳玲

项目介绍:本设计以美式风格为参照，融合现代设计美学，把宽敞的空间装点成典雅、舒适、大气的尊贵府邸，将大胆直率、追求本色、热爱自由的美国性格融入空间的每个角落。咖色的印花靠椅、木质面线框、琉璃器皿，不同的材质运用使空间层次分明。细腻精致的花纹地毯，做工精细的雕塑，精美的家具局部雕花都大大提升了空间的品位，使整个空间散发出浓郁的艺术气息。

图5-49

图5-50

图5-51

图5-52

图5-53

图5-54

图5-55

图5-56

图5-57

图5-58

图5-59

图5-60

5.2.2 安悦宅

北京安悦宅装饰设计有限公司组建于2007年，由姜辉先生担任设计总监，本着“安静设计，悦享生活”的设计理念，营造最适合国人的“新人文主义”生活空间。

新人文主义是在探讨和研究最适合当下国人的空间环境设计，一方面我们不能回到古代生活，再次效仿使用明清家具和对应的陈设，也不能一味照搬欧美家居空间设计，人种和生活方式的差异导致了家居从尺寸、比例、色彩、材质都不适合国人生活居住和工作娱乐。新人文主义致力于打造东“情”西“就”的空间设计，利用西方的人体工程学和东方对生活情趣的精神解读，两理论相融，营造出不反空间美，更衬托居住者更美的空间美学（图5-61至图5-75）。

项目名称：北京沿海未来别墅

图5-61　北京沿海未来别墅

图5-62

图5-63

图5-64

项目名称：山东寿光德润绿城独栋别墅样板间

图5-65

图5-66

图5-67

图5-68

图5-69

图5-70

图5-71

图5-72

图5-73

图5-74

图5-75

参考书目

[1]严建中 .软装设计教程[M].南京：江苏人民出版社，2013.

[2]凤凰空间·华南事业部.软装设计风格速查[M].南京：江苏人民出版社，2012.

[3]王绍仪，李继东.成就软装大师:进入软装世界的必读宝典[M].广州：广东科技出版社，2013.

[4]潘吾华.室内陈设艺术设计[M].北京：中国建筑工业出版社，2013.

[5]乔国玲.室内陈设艺术设计[M].上海：上海人民美术出版社 ，2011.

[6]王天扬.室内陈设艺术设计[M].武汉：武汉理工大学出版社，2010.

[7]金国胜.室内陈设艺术设计教程[M].杭州：浙江人民美术出版社.2011.

[8]龚一红.室内陈设设计[M].北京：高等教育出版社，2006.

[9]李旭.室内陈设设计[M]. 合肥：合肥工业大学出版社，2007.

[10]常大伟.陈设设计[M].北京：中国青年出版社，2011.

素材用稿

北京中合深美装饰工程设计有限公司

北京安悦宅装饰设计有限公司

弗曦照明设计顾问（上海）有限公司

香港翠荷堂艺术中心有限公司

深圳弥曼视觉摄影工作室

武汉瓷气堂

室内设计联盟网站